baby

宝宝的美衣
编织书

廖名迪 主编

辽宁科学技术出版社

· 沈阳 ·

本书编委会

主　编　廖名迪

编　委　宋敏姣　贺梦瑶　李玉栋

图书在版编目（CIP）数据

宝宝的美衣编织书 / 廖名迪主编. —沈阳：辽宁
科学技术出版社，2013.9
　　ISBN 978-7-5381-8197-5

　　I. ①宝…　II. ①廖…　III. ①童服—毛衣—编织—图
集　IV. ① TS941.763.1-64

中国版本图书馆 CIP 数据核字（2013）第 182802 号

如有图书质量问题，请电话联系
湖南攀辰图书发行有限公司
地址：长沙市车站北路 649 号通华天都 2 栋 12C025 室
邮编：410000
网址：www.penqen.cn
电话：0731-82276692　82276693

出版发行：辽宁科学技术出版社
　　　　　（地址：沈阳市和平区十一纬路 29 号　邮编：110003）
印 刷 者：湖南新华精品印务有限公司
经 销 者：各地新华书店
幅面尺寸：210mm × 285mm
印　　张：11.5
字　　数：162 千字
出版时间：2013 年 9 月第 1 版
印刷时间：2013 年 9 月第 1 次印刷
责任编辑：卢山秀　攀　辰
摄　　影：龙　斌
封面设计：多米诺设计·咨询　吴颖辉
版式设计：攀辰图书
责任校对：合　力

书　　号：ISBN 978-7-5381-8197-5
定　　价：29.80 元
联系电话：024-23284376
邮购热线：024-23284502

CONTENTS 目 录

004 靓丽个性小开衫
005 糖果色小花朵背心
006 时尚典雅系带套裙
007 白色卡通马甲
008 可爱波浪纹背心
009 乖巧活泼蝴蝶毛衣
010 典雅秀气中袖连衣裙
011 收腰长款毛衣
012 蓝色无袖小裙
013 甜美型拼接连衣裙
014 黄色连衣裙套装
016 简约时尚背心
017 修身可爱外套
018 优雅淑女套装
019 简洁系扣外套
020 韩版宽松连衣裙
023 民族风男孩马甲
024 大口袋无袖连衣裙
026 清新条纹小背心
027 可爱小熊外套
028 卡通小圆领背心
029 梦幻镂空毛衣
030 拼接镂空小短袖
031 粉色公主毛衣
033 立体花朵翻领毛衣
034 粉红女孩套头毛衣

035 不规则衣摆毛衣
037 可爱条纹套装
038 粉色娃娃毛衣
039 格子套头毛衣
040 休闲舒适男生毛衣
041 卡通猫咪背心
042 繁复纹理毛衣
043 帅气菱形花纹小背心
045 运动款连帽外套
046 清新花朵系带背心
047 兔子休闲背心
048 动物系扣马甲
049 复古纹理圆领毛衣
050 休闲条纹翻领毛衣
051 深色男生套头毛衣
052 系带无袖连衣裙
053 个性蝙蝠开衫
055 森林风连帽衫
056 笑脸纽扣外套
057 纯白简约外套
058 背靠背图案毛衣
059 宽松花朵背心
060 趣味数字套头毛衣
061 V领卡通图案背心
062 活泼宽松套衫
063 麻花花纹毛衣

065 气质女孩短袖外套
066 小瓢虫纽扣马甲
067 时尚小毛球毛衣
068 复古花纹开裆长裤
069 立体条纹套头毛衣
070 神秘猫咪宽松毛衣
071 V领帅气绅士马甲
072 收腰圆领短袖裙装
073 动物口袋翻领外套
074 顽皮狗背心
075 蓝白拼色马甲
076 咖啡色个性连体裤
077 条纹色块休闲马甲
078 简约花纹系扣毛衣
079 条纹圆领小背心
081 神秘图案高领毛衣
082 温馨翻领系扣毛衣
083 潮流无袖连衣裙
084 可爱小熊圆领背心
085 浪漫公主袖毛衣
086 麻花纹路背心裙
087 酒红时尚蓬松裙
088 休闲套头毛衣
089～184 编织图解

编织图解见第
089～090 页

背面

靓丽个性小开衫

这款毛衣款式很独特，设计也很新颖，颜色亮丽，能够吸引宝宝，让宝宝穿出公主范。

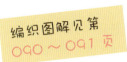

编织图解见第
090～091 页

背面

☺ 糖果色小花朵背心

🐰 🐰 🐰 🐰 🐰

小草颜色的毛线背心，上面点缀着几朵小花，颇
有些春天的气息，宝宝穿上它，甜美感觉立刻呈现。

编织图解见第
091 ~ 093 页

时尚典雅系带套裙

这套裙子，由浅浅的灰色和深灰色组成，优雅而可爱。

编织图解见第 094 页

背面

😊 白色卡通马甲

🐰🐰🐰🐰🐰

非常简单的一款马甲，没有复杂的设计，
但是很百搭，是宝宝的必备款哦。

编织图解见第
095～096页

背面

😊 可爱波浪纹背心

🐰🐰🐰🐰🐰

　　富有立体感的波浪形花纹设计，将小公主的活泼可爱体现得淋漓尽致。

编织图解见第
096～097 页

背面

☺ 乖巧活泼蝴蝶毛衣

🐰🐰🐰🐰🐰

浅浅的紫色毛衣上面，一只橙色的蝴蝶在花丛
中翩翩欲飞。

编织图解见第
097～099 页

背面

😊 典雅秀气中袖连衣裙

🐰 🐰 🐰 🐰 🐰

腰间的设计很新颖，为了打破蓝色的沉静，特别添加了一些波浪纹在毛衣上面，整件毛衣显得典雅而又大方。

编织图解见第
099～101页

背面

😊 收腰长款毛衣

🐰 🐰 🐰 🐰 🐰

粉红色很衬宝宝的皮肤，让宝宝看上去
更加可爱。毛衣上错落有致的小圆点，就像
点缀在天空中的小星星一样，明亮而耀眼。

编织图解见第
101 ～ 102 页

背面

蓝色无袖小裙

🐰🐰🐰🐰🐰

白色的花边给裙子增添了几许柔美的
气息，而胸前的小花更是尽显甜美可爱。

宝宝的美衣
编织书

编织图解见第 103 页

背面

甜美型拼接连衣裙

🐰🐰🐰🐰🐰

无袖镂空的毛衣，夏天穿也很凉爽，双色拼接，给人不一样的视觉享受。

编织图解见第
104～105 页

黄色连衣裙套装

两件套的毛衣能很好地应对天气的突然转变，天气稍凉的时候可以很好的保暖，天气稍热的时候，脱掉外面的小开衫就会很凉爽了。

编织图解见第
106～107页

背面

🙂 简约时尚背心

时尚从来不需要过多复杂的装饰，
简简单单一样可以穿出大牌感。

编织图解见第
107～108 页

背面

修身可爱外套

🐰🐰🐰🐰🐰

绿色能给人一种安静的感觉，而毛衣袖口
处的毛毛球又给毛衣带来了一丝活泼的气息。

编织图解见第
109～110页

背面

😊 优雅淑女套装

🐰🐰🐰🐰🐰

裙子下摆处的镂空设计，营造出了公主的优雅
感觉，搭配上玫红色的小开衫，点亮了套装的色彩。

编织图解见第 111 页

背面

☺ 简洁系扣外套

一款简洁大方的开衫，很百搭，非常实用，不需要太多的装饰，衣服本身的设计就足以让整体都变得很有气质。

编织图解见第112页

😊 韩版宽松连衣裙

🐰🐰🐰🐰🐰

暖暖的橘色一直是妈妈和宝宝的最爱，
这款毛衣追求自然的感觉，宽松的设计让宝宝
穿着更加舒适。

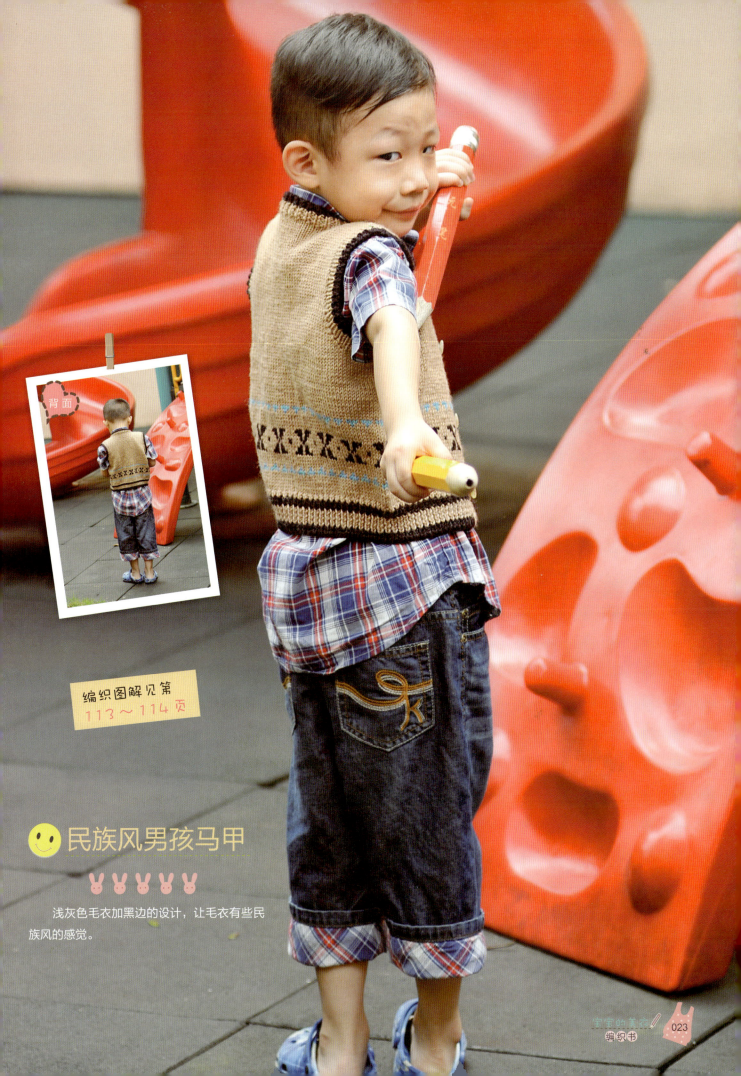

背面

编织图解见第
113～114页

😊 民族风男孩马甲

浅灰色毛衣加黑边的设计，让毛衣有些民
族风的感觉。

编织图解见第
114～115页

背面

☺ 大口袋无袖连衣裙

领口的麻花纹让毛衣呈现活泼感，衣服上的大口袋
是整件毛衣的亮点，宽松的款式会让宝宝穿着更加舒适。

编织图解见第116页

细节图

背面

 清新条纹小背心

温馨的紫色加上白色的波浪纹点缀，让
整件毛衣显得更加甜美。

编织图解见第
117～118页

背面

细节图

可爱小熊外套

纯净的蓝色很明亮，卡通图案的加入增加了
毛衣的可爱感，开襟的设计，让小宝宝穿脱自如。

编织图解见第
118～119页

😊 卡通小圆领背心

暖色系的毛衣最适合冬天穿着，不仅能够保暖，还能给宝宝带来视觉上的温暖感觉，稍冷的日子，给宝宝加上这样一件背心，肯定能让宝宝感到更加温暖。

编织图解见第 120 页

细节图

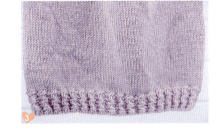

梦幻镂空毛衣

紫色是一种非常优雅的颜色，镂空的设计给毛衣
增添了一些别样的感觉，这是一款很有气质的毛衣。

编织图解见第 121 页

细节图

拼接镂空小短袖

拼接的设计很时尚，领口处的叶子设计十分新颖，宝宝穿上它会显得很时尚。

编织图解见第
122～123页

粉色公主毛衣

粉色系能更好地体现宝宝的甜美和可爱，再加上领口的特别设计，让整件毛衣与众不同。

编织图解见第
123～124 页

细节图

立体花朵翻领毛衣

玫瑰红的颜色很抢眼，胸口的花朵和毛衣浑然一体，突出了毛衣的甜美感觉，这样的毛衣会让宝宝更加漂亮。

编织图解见第125页

细节图

背面

粉红女孩套头毛衣

简单朴素的粉色套头毛衣，胸前小女孩的图案点亮了整件毛衣，让宝宝穿上去显得很可爱。

编织图解见第 126 页

背面

细节图

😊 不规则衣摆毛衣

🐰 🐰 🐰 🐰 🐰

简单的款式，因为加了领口的花边设计和胸前的蝴蝶结而变得甜美十足，能很好地体现小公主的甜美感觉。

编织图解见第
127～128 页

细节图

可爱条纹套装

犹如彩虹般的绚丽颜色十分美丽，小开衫的设计可以随意搭配，漂亮的小裙子像美人鱼的尾巴，宝宝穿上它一定会很好看。

编织图解见第
128～129 页

背面

😊 **粉色娃娃毛衣**

🐰🐰🐰🐰🐰

高腰设计的毛衣，腰带上的毛毛球
既可以收缩，又给毛衣添加了一丝动感，
下摆的镂空设计别具一格。

编织图解见第130页

细节图

背面

格子套头毛衣

别致的花纹让毛衣充满了时尚气息，厚厚的毛衣能更好的保暖。

编织图解见第
131～132页

细节图

 ## 休闲舒适男生毛衣

素雅的颜色和简单的款式休闲感十足，是
一件百搭的毛衣。

背面

编织图解见第
132～133 页

细节图

背面

 卡通猫咪背心

猫扑蝴蝶的图案动感十足，宝宝穿
上它会显得更加活泼可爱。

编织图解见第 **134** 页

编织图解见第 134 页

细节图

背面

繁复纹理毛衣

缎染的毛线能带给人不一样的视觉冲击，菠萝花纹给毛衣添了一些气质感，简单大方的款式，能让宝宝穿得更加舒适。

编织图解见第 135 页

细节图

背面

帅气菱形花纹小背心

白色毛线编织而成的小背心，添加了些许蓝色条纹，让整件毛衣不再单调，有些英伦风的小背心，宝宝穿上一定帅气十足。

宝宝的美衣
编织书

编织图解见第
136～137页

细节图

 运动款连帽外套

运动款的毛衣，让穿上它的宝宝更加阳光帅气。

编织图解见第
137～138 页

细节图

背面

😊 清新花朵系带背心

🐰🐰🐰🐰🐰

毛衣上的几朵小花静静地盛开，给人一种
邻家女孩般的清新感。

编织图解见第 139 页

细节图

背面

兔子休闲背心

亮丽的蓝色与活泼的小兔子图案的
完美搭配，能带给宝宝更多好心情。

编织图解见第
140～141 页

细节图

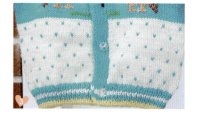

背面

动物系扣马甲

可爱的小动物图案，看上去就显得非常可爱，宝宝一定会很喜欢这件马甲的。

编织图解见第
141～142页

细节图

😊 复古纹理圆领毛衣

复古的花纹让毛衣有一种独特的气质，纯净的蓝色，让宝宝穿上显得更加白净。

编织图解见第
143～144页

细节图

休闲条纹翻领毛衣

条纹一直是不褪色的经典，这款蓝白条纹
的毛衣，颇有些海军风的感觉。

背面

编织图解见第
144～145页

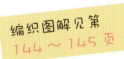

细节图

背面

深色男生套头毛衣

深色给人一种稳重的感觉，多变的花纹给毛衣
增加了亮点，宝宝穿着会有一种文雅成熟的感觉。

编织图解见第 146 页

细节图

背面

系带无袖连衣裙

纯净的灰色连衣裙，裙子下摆的几点彩色点缀像几颗宝宝爱吃的糖豆豆，腰间的束带设计，可以让宝宝穿着更加合身。

编织图解见第147页

背面

细节图

 个性蝙蝠开衫

大大的麻花纹蝙蝠衫，颇具时尚感，背后的蝴蝶结增添了几许甜美气息，这样的一件开衫，无论是妈妈还是宝宝都会被它所吸引的。

背面

编织图解见第
148～149页

细节图

😊 森林风连帽衫

🐰🐰🐰🐰🐰

大大的麻花纹错综复杂地出现在毛衣上，特别的纽扣和帽子上的小耳朵设计，穿上它行走在树林间，宝宝就像林间的小精灵一样可爱。

编织图解见第
149～150页

细节图

 笑脸纽扣外套

这是一款可以当外套来穿的毛衣，开襟的设计方便穿脱，笑脸的小纽扣能给宝宝带来更多好心情。

背面

编织图解见第
151～152 页

细节图

背面

纯白简约外套

白色毛线编织的温馨童装，简约的款式带给宝宝
不一样的美，宽松的款式，让宝宝穿着非常舒适。

编织图解见第
152～153页

细节图

背面

背靠背图案毛衣

背靠背图案，让宝宝的毛衣也时尚。舒适的毛线，
不但给宝宝带来了温暖，也给宝宝增添了帅气感。

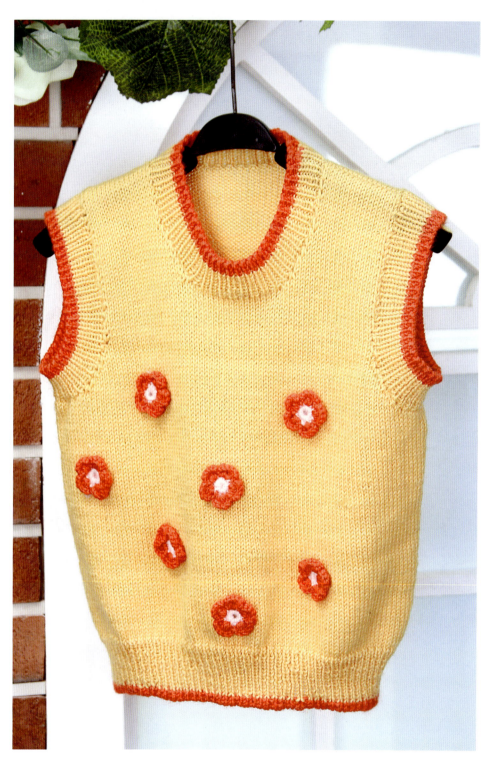

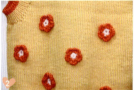

编织图解见第
153～154 页

细节图

背面

😊 宽松花朵背心

漂亮的花朵设计和后背大大的兔子图案，富
有童趣，相信宝宝会很喜欢这款背心的。

编织图解见第
154～155页

细节图

背面

趣味数字套头毛衣

没有过多的装饰，几个简简单单的数字就
足以让毛衣趣味十足了。

编织图解见第
155～156 页

细节图

背面

☺ V领卡通图案背心

大 V 领的毛衣，可以内搭一件打底衫穿着，胸前的卡通图案十分可爱。

编织图解见第 157 页

细节图

背面

活泼宽松套头衫

喜庆的红色毛衣，胸前有着小猫图案，袖子上的波浪形花纹设计，打破了红色的一成不变，让毛衣更加富有活力。

编织图解见第 158 页

细节图

背面

麻花花纹毛衣

大大的领口设计，能让宝宝更轻易的穿着，大麻花花纹和叶子花纹的设计，给整件毛衣增添了一些活力。

背面

编织图解见第159页

细节图

气质女孩短袖外套

典雅的颜色加上富有自然美的设计，再加上花朵纽扣，无疑为这件外套添加了许多甜美和气质感。

编织图解见第160页

细节图

  小瓢虫纽扣马甲

色彩鲜明的马甲上面的纽扣是一些五颜六色的小瓢虫，这样一件充满童趣的马甲，相信宝宝一定会非常喜欢。

背面

编织图解见第161页

细节图

😊 时尚小毛球毛衣

🐰🐰🐰🐰🐰

纯白色一直是小公主们的最爱，这款纯白色的毛衣，肩膀处的镂空设计别出心裁，整件毛衣呈现着甜美的气息。

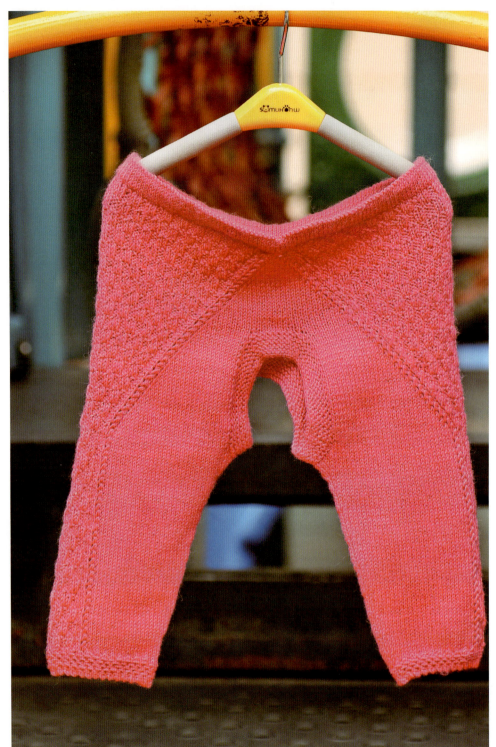

编织图解见第162页

细节图

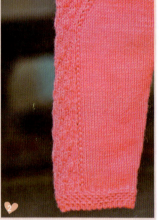

背面

复古花纹开裆长裤

　　一条简单的长裤，没有过多的花纹设计，只有一些复古的花纹而已，但这款开裆的长裤非常实用，很适合小宝宝穿。

编织图解见第
163～164 页

细节图

背面

立体条纹套头毛衣

这款毛衣以紫色和白色相间织成，加上小方格子的组合，活泼欢快，保暖的同时也很漂亮。

编织图解见第
164～165页

细节图

背面

神秘猫咪宽松毛衣

毛衣上可爱的猫咪图案能吸引众人的目光，宝宝穿上它，相信一定会引人注目的。

宝宝的美衣
编织书

编织图解见第166页

细节图

背面

😊V领帅气绅士马甲

🐰🐰🐰🐰🐰

一位帅气的绅士必定会有一款属于自己的百搭小马甲,这件小马甲款式简单,但却流露出一股天生的儒雅气质。

编织图解见第
167～168页

细节图

背面

收腰圆领短袖裙装

玫红色能衬托得小宝宝的皮肤更加好看，这是一款
气质款的毛衣裙，宝宝穿上它会显得很文静、乖巧。

编织图解见第
168 ～ 169 页

细节图

背面

动物口袋翻领外套

鲜艳的蓝色很吸引人的目光，最特别的是动物口袋的设计，既新颖又实用。

编织图解见第
169～170页

细节图

背面

😊 顽皮狗背心

🐰🐰🐰🐰🐰

经典的 V 领设计，朴素中自然流露出一种别样
的美感，小狗卡通图案的运用，很符合宝宝的喜好。

编织图解见第
170～171页

细节图

背面

蓝白拼色马甲

蓝白拼接的马甲在色彩上的运用把握得很好，毛衣上微微的镂空可以更好的透气。

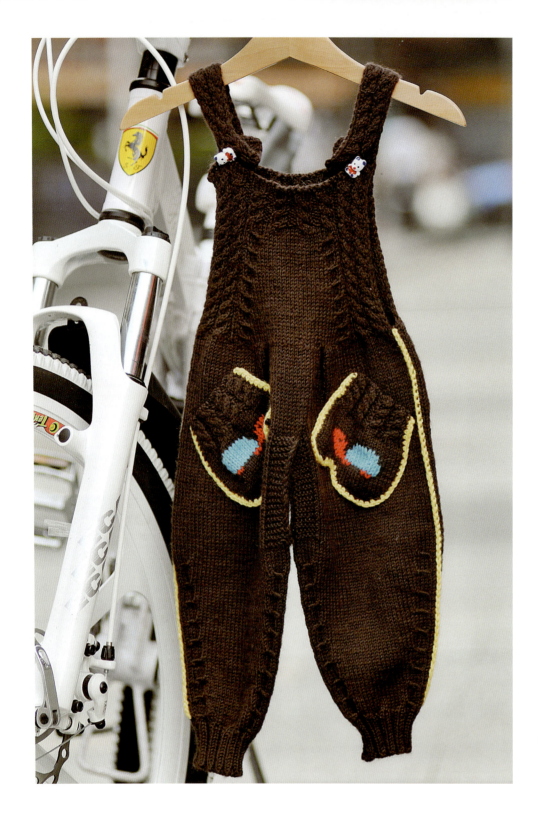

编织图解见第 172～173 页

细节图

背面

咖啡色个性连体裤

大大的口袋是连体裤的特点，口袋上的小乌龟又给裤子增加了一些趣味，裤子上的小动物饰品也给整体带来了更多童趣。

编织图解见第
173 ～ 174 页

细节图

背面

条纹色块休闲马甲

趣味卡通图案给毛衣带来了更多的可爱感，条纹色块的设计又让马甲显得很活泼。

编织图解见第
174～175页

 简约花纹系扣毛衣

很普通的一款毛衣，因为有了黑色的点缀而显得
很时尚。

编织图解见第 **176** 页

细节图

背面

条纹圆领小背心

🐰🐰🐰🐰🐰

很有寓意的一款毛线背心，暖暖的橙色象征着太阳光的照射，美丽的小花朵在阳光的照耀下茁壮的成长，我们的小宝宝也是一样，会健康成长。

背面

编织图解见第 **177页**

细节图

😊 神秘图案高领毛衣

🐰 🐰 🐰 🐰 🐰

高领的设计和厚厚的款式，足以让宝宝温暖一整个冬季。

编织图解见第 178 页

细节图

温馨翻领系扣毛衣

这是一款具有公主气质的短袖毛衣，穿上它，
宝宝不但会觉得很温暖，小公主气质也会立显。

背面

编织图解见第179页

细节图

背面

潮流无袖连衣裙

整件连衣裙只有一些小毛线球点缀，白色的花边让它变得素雅大方，宝宝穿上一定会很甜美可爱。

编织图解见第180页

细节图

背面

可爱小熊圆领背心

这件背心朴实无华，胸前的熊宝宝图案非常可爱。

编织图解见第 181 页

细节图

背面

浪漫公主袖毛衣

黑色代表着高贵，公主袖的设计很漂亮，彩色纽扣点缀在毛衣上格外突出，穿上这样一件很有气质的毛衣，想不吸引旁人的目光都很难。

编织图解见第 182 页

细节图

背面

😊 麻花纹路背心裙

🐰 🐰 🐰 🐰 🐰

精致的麻花纹设计是整件背心裙的主要元素，下摆的镂空设计增添了整体的气质感。

编织图解见第 183 页

细节图

背面

酒红时尚蓬松裙

酒红色时尚而大气，穿在宝宝身上，让宝宝像大牌明星一样光芒四射。

编织图解见第184页

细节图

背面

休闲套头毛衣

宽松休闲的款式,宝宝穿上后活动自如,
紫色能很好地衬托出孩子稳重的气质。

靓丽个性小开衫

【成品尺寸】 衣长 31cm　胸围 60cm

【工具】 3.5mm 棒针　钩针

【材料】 玫红色羊毛绒线若干

【密度】 10cm² ： 26 针 ×34 行

【制作过程】

1. 从后片的下摆起织，用下针起针法起 78 针，织全下针，同时在两边对称加针，成为左右前片，并织花样，方法是：每 2 行加 2 针加 20 次，织至 16cm 进行袖窿减针，两边袖窿分别留 10 针，然后分出前后片另织。

2. 前片：左前片分出 39 针，同时袖窿减针，方法是：每 2 行减 2 针减 4 次，继续编织至 9cm 时，进行领窝减针，方法是：每 2 行减 2 针减 6 次，不加不减织至肩部余 14 针。用同样方法对称编织右前片。

3. 后片：两边袖窿减针，方法是：每 2 行减 2 针减 4 次，不加不减织至袖窿算起 13cm 时，中间平收 18 针，进行领窝减针，方法是：每 2 行减 1 针减 3 次两边肩部余 14 针。

4. 编织结束后，将前后片肩部对应缝合。

5. 领圈边至两边门襟和后片下摆连着挑 332 针，织 14 行双罗纹。两边袖口分别挑 96 针，织 14 行双罗纹。编织完成。

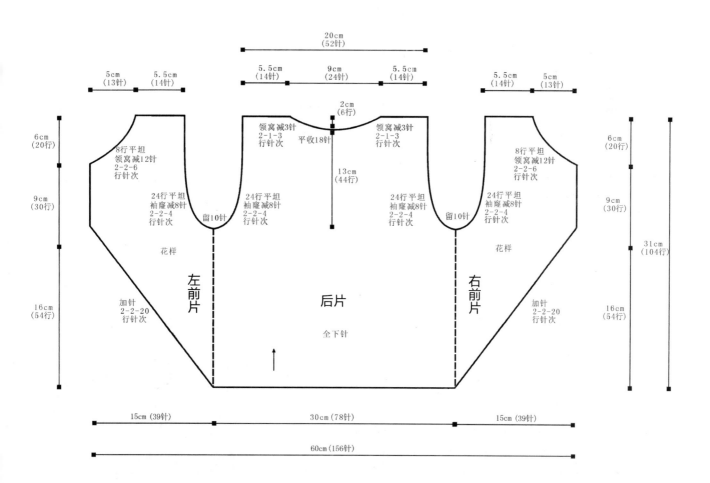

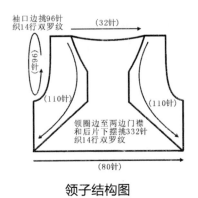

袖口边挑96针
织14行双罗纹

（32针）

（96针）

（110针）

（110针）

领圈边至两边门襟
和后片下摆挑332针
织14行双罗纹

（80针）

领子结构图

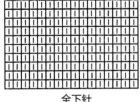

全下针

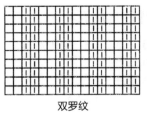

双罗纹

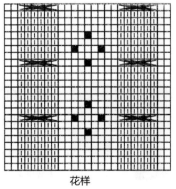

花样

糖果色小花朵背心

【成品尺寸】 衣长39cm 胸围60cm

【工具】 3.5mm 棒针 钩针

【材料】 绿色羊毛绒线若干 灰色线少许

【密度】 10cm² ：30针×40行

【附件】 装饰绳子1根

【制作过程】

1. 前片：用灰色线，下针起针法，起102针，织花样B，织4行改用绿色线，侧缝不用加减针，织到20cm时用灰色线织4行，再用绿色线，并改织花样A，织12行至袖窿。袖窿以上的编织：两边袖窿平织10针后减针，方法是：每2行减2针减4次，各减8针，余下针数不加不减织56行。同时从袖窿算起织至6cm时，开始开领窝，先平收16针，然后两边减针，方法是：每2行减2针8次，共减16针，不加不减织24行至肩部余9针。

2. 后片：袖窿和袖窿以下的编织方法与前片袖窿一样。同时织至袖窿算起14cm时，开后领窝，中间平收42针，两边减针，方法是：每2行减1针减3次，织至两边肩部余9针。

3. 缝合：将前片的侧缝与后片的侧缝对应缝合，前片的肩部与后片的肩部缝合。

4. 袖口：两边袖口用绿色线挑88针，织1cm全下针后，改用灰色线织1cm花样C。

5. 领子：领圈边用绿色线挑110针，织1cm全下针后，改用灰色线织1cm花样C。

6. 装饰：用钩针在前后片的花样A与花样B之间钩织花边，并系上绳子。编织完成。

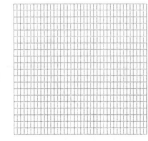

全下针

领圈挑110针织
4行全下针后改
织4行花样C

（40针）

3cm
（12行）

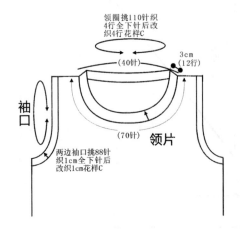

袖
口

（70针）

领片

两边袖口挑88针
织1cm全下针后
改织1cm花样C

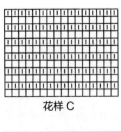

花样C

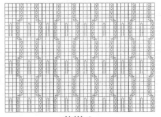

花样A

钩织花边

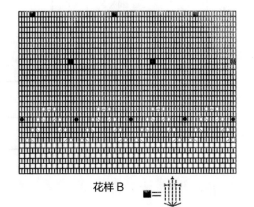

花样B

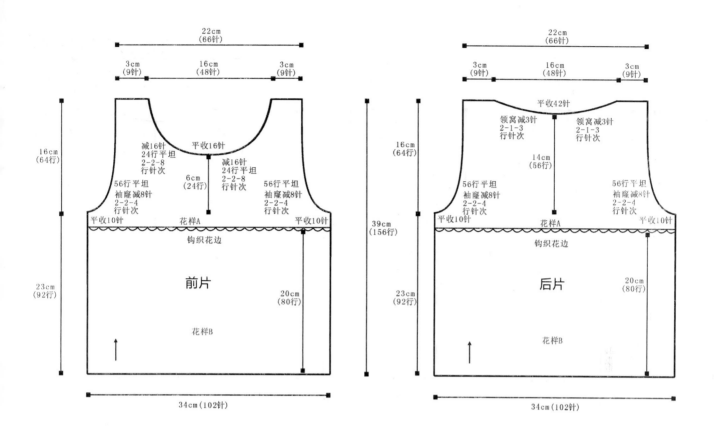

时尚典雅系带套裙（上衣）

【成品尺寸】 衣长 32cm　胸围 56cm　袖长 10cm
【工具】 3.5mm 棒针　缝衣针
【材料】 浅灰色羊毛绒线若干　深灰色线少许
【密度】 10cm²：26 针 × 38 行
【附件】 纽扣 4 枚

【制作过程】

1. 前片：分右前片和左前片编织。右前片：用下针起针法，起 36 针，先用深灰色线织 6 行花样 A，再改用浅灰色线继续织完 16 行花样 A 后，改织全下针，侧缝不用加减针，织至 11cm 至袖窿。袖窿以上的编织：右侧袖窿减 8 针，方法是：每织 2 行减 2 针减 4 次，平织 15cm。同时从袖窿算起织至 7cm 时，开始开领窝，先平收 3 针，然后领窝减针，方法是：每 2 行减 1 针减 13 次，平织 4 行织至肩部余 13 针。用相同的方法、相反的方向编织左前片。

2. 后片：用下针起针法，起 72 针，先用深灰色线织 6 行花样 A 后，改用浅灰色线继续织完 16 行花样 A，改织全下针，侧缝不用加减针，织 11cm 至袖窿。袖窿以上编织：袖窿开始减针，方法与前片袖窿一样。从袖窿算起织至 15cm 时，开后领窝，中间平收 26 针，两边各减 3 针，方法是：每 2 行减 1 针减 3 次，织至两边肩部余 13 针。

3. 袖片：从袖口织起，用下针起针法，起 52 针，先用深灰色线织 6 行花样 A 后，改用浅灰色线继续织完 10 行花样 A，开始袖山减针，方法是：两边分别每 2 行减 1 针减 9 次，编织完 6cm 后余 34 针，收针断线。用同样方法编织另一袖片。

4. 缝合：将前片的侧缝与后片的侧缝对应缝合，前后片的肩部对应缝合，再将两袖片的袖山边线与衣身的袖窿边对应缝合。

5. 门襟：两边门襟用深灰色线，分别挑 90 针，织 2cm 花样 B，右片每隔 20 针，均匀地开 1 个纽扣孔，共 3 个。

6. 领子：领圈边用深灰色线，挑 84 针，织 2cm 花样 B，并在前端开 1 个纽扣孔，形成开襟圆领。

7. 用缝衣针缝上纽扣，衣服完成。

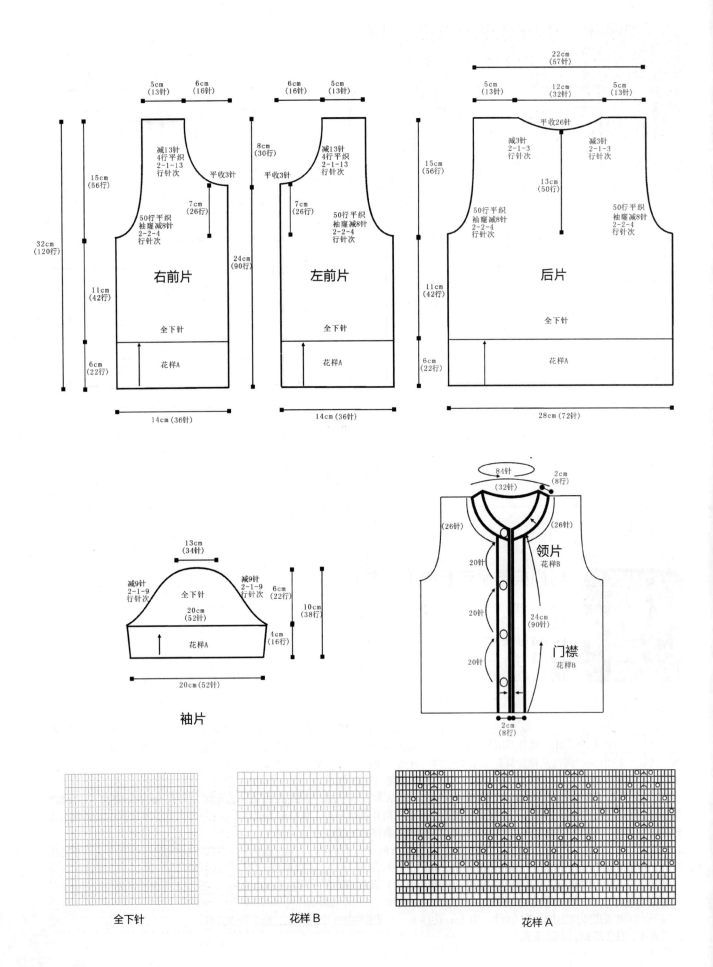

5cm
(13针)
6cm
(16针)

6cm
(16针)
5cm
(13针)

22cm
(57针)

5cm
(13针)
12cm
(32针)
5cm
(13针)

减13针
4行平织
2-1-13
行针次

平收3针

8cm
(30行)

平收3针

减13针
4行平织
2-1-13
行针次

平收26针

减3针
2-1-3
行针次

减3针
2-1-3
行针次

15cm
(56行)

15cm
(56行)

7cm
(26行)

7cm
(26行)

13cm
(50行)

32cm
(120行)

50行平织
袖隆减8针
2-2-4
行针次

24cm
(90行)

50行平织
袖隆减8针
2-2-4
行针次

50行平织
袖隆减8针
2-2-4
行针次

50行平织
袖隆减8针
2-2-4
行针次

右前片

左前片

后片

11cm
(42行)

11cm
(42行)

全下针

全下针

全下针

6cm
(22行)

花样A

花样A

6cm
(22行)

花样A

14cm(36针)

14cm(36针)

28cm(72针)

13cm
(34针)

84针
(32针)

2cm
(8行)

减9针
2-1-9
行针次

全下针

20cm
(52针)

减9针
2-1-9
行针次

6cm
(22行)

(26针)

(26针)

领片
花样B

10cm
(38行)

20针

4cm
(16行)

花样A

20针

24cm
(90针)

20针

门襟
花样B

20cm(52针)

袖片

2cm
(8行)

全下针

花样B

花样A

时尚典雅系带套裙（裙子）

【成品尺寸】 衣长 30cm 胸围 48cm
【工具】 3.5mm 棒针 钩针
【材料】 浅蓝色羊毛绒线若干 灰色线少许
【密度】 10cm² ：30 针 ×40 行
【附件】 编织绳子 1 根

【制作过程】

1. 前片：用灰色线，下针起针法，起 84 针，先织 6 行来回全下针，再用浅蓝色线改织花样 B，织至 7cm 时改织全下针，侧缝不用加减针，织至 13cm 时织片分散减 12 针，余 72 针，织 4 行来回全下针后，改织 10cm 花样 A，其中最后织 4 行来回全下针，收针断线。
2. 后片：后片的编织方法与前片一样。
3. 缝合：将前片的侧缝与后片的侧缝对应缝合。
4. 肩带：是 2 个长方形，起 8 针，织 24cm 花样 C，分别与前后片缝合，形成肩带。
5. 装饰：穿上编织绳子。编织完成。

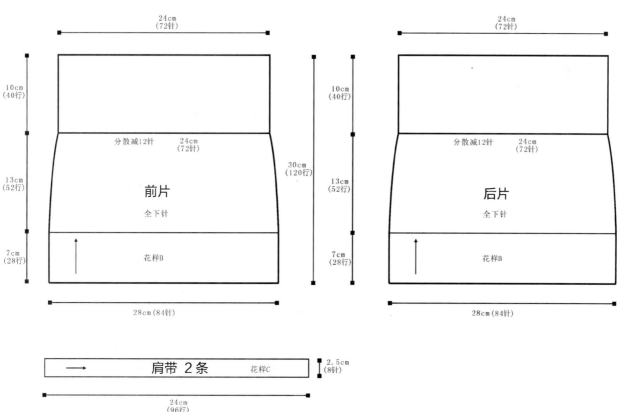

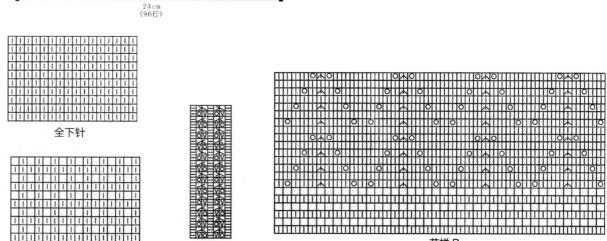

白色卡通马甲

【成品尺寸】衣长 36cm　胸宽 34cm
【工具】3.5mm 棒针　缝衣针
【材料】白色羊毛绒线若干　绿色、咖啡色长毛绒线各少许
【密度】10cm² ：26 针 ×34 行
【附件】纽扣 10 枚

【制作过程】

1. 前片：分左右 2 片编织，左前片用机器边起针法起 44 针，织 3cm 单罗纹后，改织花样，侧缝不用加减针，织至 19cm 时开始袖窿以上编织，袖窿平收 4 针后减针，方法是：每 2 行减 2 针减 4 次，平织 40 行至肩部，同时进行领窝减针，方法是：每 2 行减 2 针减 10 次，平织 12 行，至肩部余 13 针。用同样方法反方向编织右前片。

2. 后片：用机器边起针法起 88 针，织 3cm 单罗纹后，改织全下针，织至 19cm 时左右两边开始袖窿减针，方法与前片一样。从袖窿算起，织至 12cm 时，中间平收 36 针，两边领窝减针，方法是：每 2 行减 1 针减 1 次，至肩部余 13 针。

3. 编织结束后，将前后片侧缝、肩部对应缝合。

4. 两边门襟至领窝挑 292 针，织 6 行单罗纹，左边门襟间隔 16 行均匀地开纽扣孔。

5. 两边袖口挑 88 针，织 6 行单罗纹。

6. 用缝衣针缝上纽扣和前片的装饰花。编织完成。

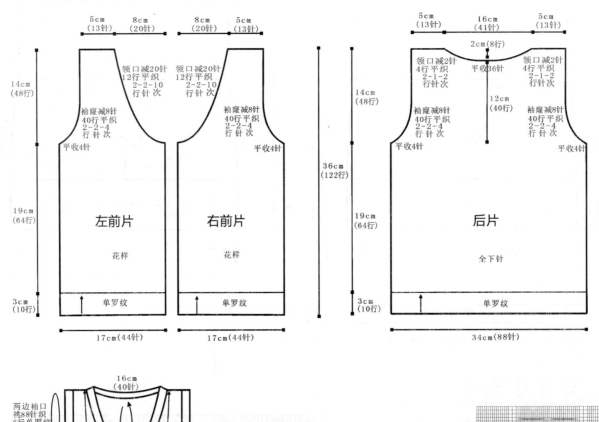

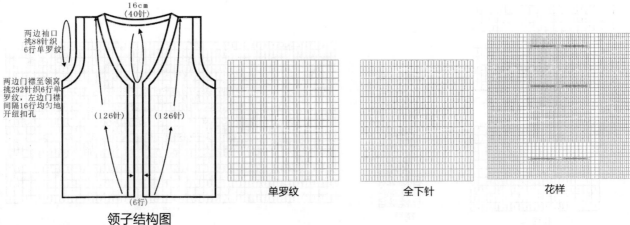

领子结构图

单罗纹　　全下针　　花样

可爱波浪纹背心

【成品尺寸】 衣长 38cm　胸围 58cm
【工具】 3.5mm 棒针　钩针
【材料】 黄色羊毛绒线若干
【密度】 10cm² ：30 针 × 40 行
【附件】 纽扣 4 枚

【制作过程】

1. 前片：用下针起针法起 86 针，编织 2cm 花样 C 后，改织花样 B，侧缝不用加减针，织 21cm 至袖窿，中间打皱褶，开始袖窿以上编织。袖窿以上的编织，两边袖窿平收 8 针，然后减针，方法是：每 6 行减 1 针减 3 次，余下针数不加不减织 3cm 后，改织 2cm 花样 C，此时针数为 50 针，收针断线。

2. 后片：用下针起针法起 86 针，编织 2cm 花样 C 后，改织花样 B，侧缝不用加减针，织 21cm 至袖窿，中间打皱褶后，袖窿开始减针，方法与前片袖窿一样。同时织至袖窿算起 13cm 时，中间 34 针改织 2cm 花样 C，平收 34 针，两边肩部余 8 针，继续编织 11cm，并编织 2cm 花样 C，收针断线。

3. 缝合：将前片的侧缝与后片的侧缝对应缝合。后片的肩部与前片的肩部重叠后，袖口挑针。

4. 袖口：两边袖口分别挑 76 针，环织 2cm 花样 C。

5. 用钩针钩织小花，缝到前片打皱褶的地方，缝上纽扣，编织完成。

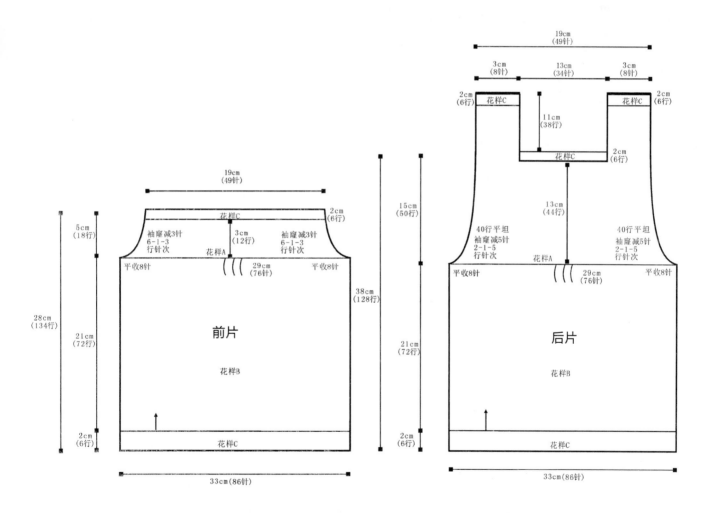

花样 C

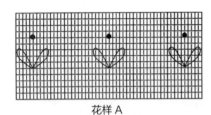

花样 A

花样 B

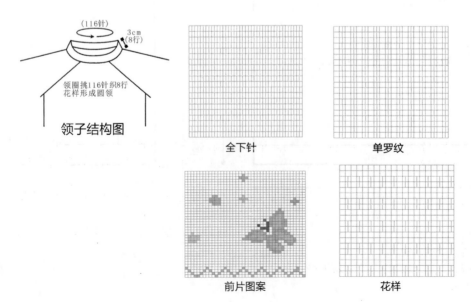

袖口

76针

花样C

花样C

领圈不用
织领边

两边袖口
挑76针织
6行 花样C

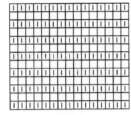

乖巧活泼蝴蝶毛衣

【成品尺寸】衣长 42cm　胸围 48cm　连肩袖长 43cm
【工具】3.5mm 棒针
【材料】浅紫色羊毛绒线若干
【密度】10cm²：28 针 ×38 行

【制作过程】

1. 从领圈往下编织，按编织方向，用下针起针法起 116 针，先织 8 行花样，形成圆领，然后继续往下编织，开始分前后片和袖片，每片之间各留 2 针径，并在 2 针径两边每 2 行各加 2 针加 16 次，织至 24cm 时，针数为 244 针，分片编织时，在每片的两边直加 3 针至 268 针，然后分片编织。

2. 后片：后片分出 68 针，继续织 19cm 全下针后，侧缝不用加减针，再改织 5cm 单罗纹。

3. 前片：前片分出 68 针，继续织全下针，并编入前片图案，织法与后片一样。

4. 袖片：袖片分出 66 针，继续织 20cm 全下针，袖下减针，方法是：每 6 行减 1 针减 12 次，然后织 5cm 单罗纹。

5. 缝合：前后片的侧缝对应缝合，两片袖片的袖下分别缝合。编织完成。

(116针)

3cm
(8行)

领圈挑116针织8行
花样形成圆领

领子结构图

全下针

单罗纹

前片图案

花样

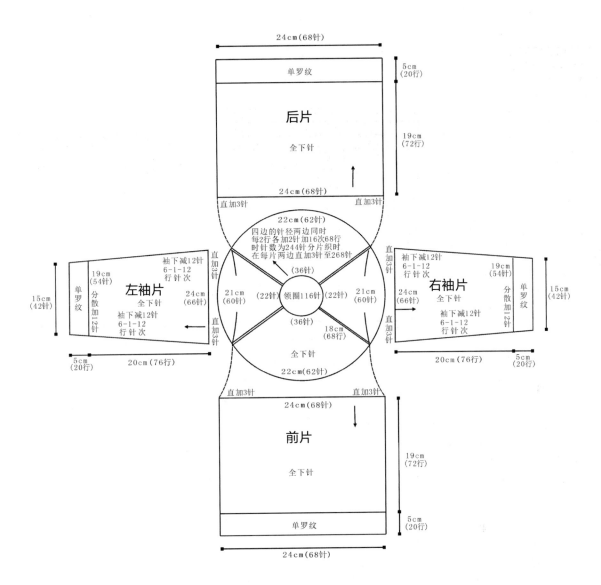

典雅秀气中袖连衣裙

【成品尺寸】 衣长 43cm 胸围 84cm

【工具】 3.5mm 棒针

【材料】 玫红色羊毛绒线若干

【密度】 10cm² ：28 针 ×40 行

【附件】 纽扣 2 枚

【制作过程】

1. 领口环形片：用下针起针法起 122 针，片织 8 行花样 E，并开始分前后片和两边袖片，每分片的中间留 2 针径，按花样 D 加针，前片两边各留 6 针，继续编织花样 E 门襟，其余织全下针，织 2.5cm 后，两门襟重叠，然后开始圈织，织完 13cm 时织片的针数为 308 针，环形片完成。

2. 开始分出前后片和两片袖片。前片：分出 86 针，先织 4cm 花样 A，然后分散加 32 针，共 118 针继续织花样 B，侧缝不用加减针，织至 24cm 时改织 2cm 花样 C，收针断线。后片：分出 86 针，织法与前片一样。

3. 袖片：左袖片分出 68 针，织全下针，袖下减针，方法是：每 8 行减 1 针减 6 次，织至 13cm 时，改织 2cm 花样 E，袖口余 56 针，收针断线。用同样方法编织右袖片。

4. 缝合：将前片的侧缝和后片的侧缝缝合。两袖片的袖下分别缝合。

5. 缝上纽扣。编织完成。

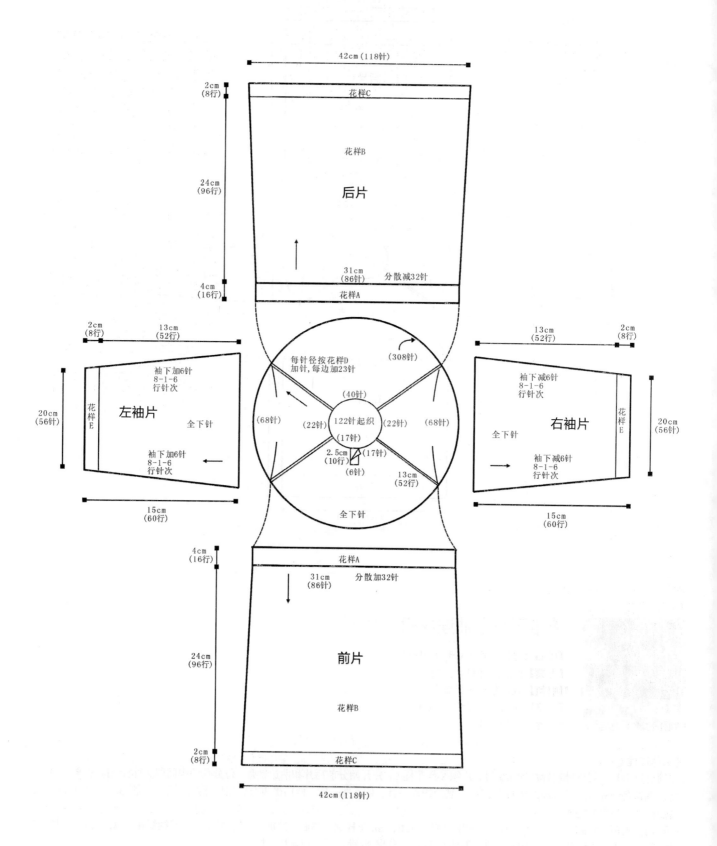

42cm（118针）

2cm
（8行）

花样C

花样B

后片

24cm
（96行）

31cm
（86针）
分散减32针

4cm
（16行）

花样A

2cm
（8行）
13cm
（52行）

袖下加6针
8-1-6
行针次

20cm
（56行）

花样
E

左袖片

全下针

袖下加6针
8-1-6
行针次

15cm
（60行）

每针径按花样D
加针,每边加23针

（308针）

（40针）

（68针）

（22针）

122针起织
（17针）

（22针）

（68针）

2.5cm
（10行）

（17针）

（6针）

13cm
（52行）

全下针

13cm
（52行）
2cm
（8行）

袖下减6针
8-1-6
行针次

20cm
（56行）

花样
E

全下针

右袖片

袖下减6针
8-1-6
行针次

15cm
（60行）

4cm
（16行）

花样A

31cm
（86针）
分散加32针

24cm
（96行）

前片

花样B

2cm
（8行）

花样C

42cm（118针）

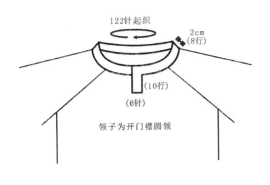

122针起织

2cm
(8行)

(10行)

(6针)

领子为开门襟圆领

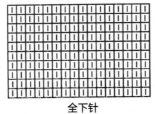

全下针

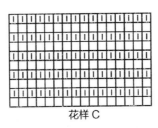

花样 C

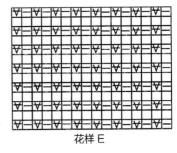

花样 E

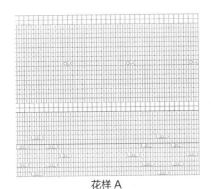

花样 A

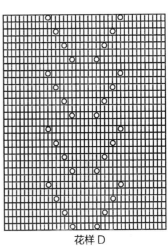

花样 B

花样 D

收腰长款毛衣

【成品尺寸】 衣长 42cm　胸围 74cm　连肩袖长 36cm

【工具】 3.5mm 棒针　钩针

【材料】 粉红色缎染线若干

【密度】 10cm² ： 26 针 ×38 行

【附件】 钩织花朵 1 朵

【制作过程】

1. 领口环形片：用下针起针法起 88 针，环织 12 行双罗纹，作为圆领，然后改织全下针，并均匀加 40 针，织至 128 针，开始分前后片和两边袖片，每分片的中间留 2 针径，按花样 A 加针，织完 14cm 时，织片的针数为 288 针，环形片完成。

2. 开始分出前片后片和两片袖片：前片：分出 96 针，依次织 4cm 全下针、6cm 双罗纹、14cm 全下针、4cm 花样 B，侧缝不用加减针，收针断线。后片：分出 96 针，方法与前片一样。

3. 袖片：左袖片分出 62 针，织全下针，袖下减针，方法是：每 4 行减 1 针减 11 次，织至 17cm 时，改织 5cm 单罗纹，收针断线。用同样方法编织右袖片。

4. 缝合：将前片的侧缝和后片的侧缝缝合。两袖片的袖下分别缝合。

5. 前片缝上钩织花朵。编织完成。

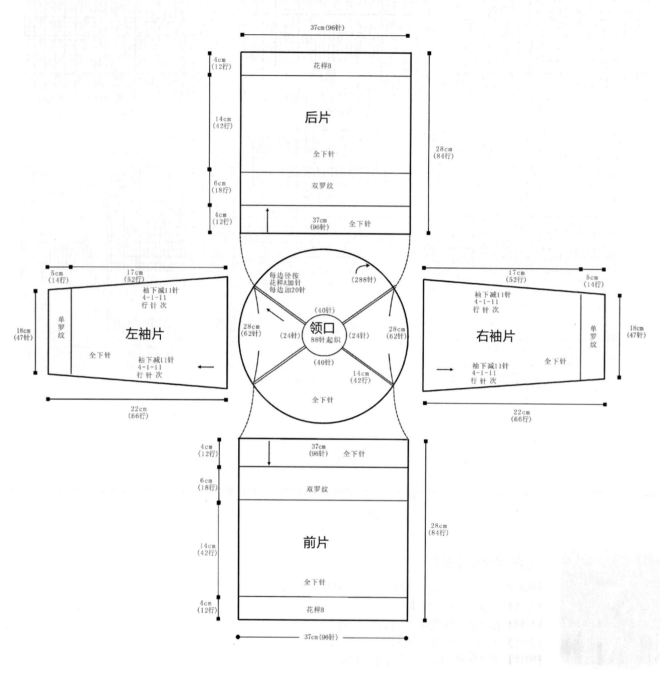

37cm(96针)

4cm
(12行)

花样B

后片

14cm
(42行)

28cm
(84行)

全下针

6cm
(18行)

双罗纹

4cm
(12行)

37cm
(96针)　全下针

5cm
(14行)

17cm
(52针)

袖下减11针
4-1-11
行 针 次

每边径按
花样A加针
每边加20针

(288针)

18cm
(47针)

单罗纹

左袖片

28cm
(62针)

(40针)

领口
88针起织

(40针)

28cm
(62针)

全下针

袖下减11针
4-1-11
行 针 次

(24针)

(24针)

14cm
(42行)

22cm
(66行)

全下针

17cm
(52针)

5cm
(14行)

袖下减11针
4-1-11
行 针 次

右袖片

单罗纹

18cm
(47针)

全下针

袖下减11针
4-1-11
行 针 次

22cm
(66行)

4cm
(12行)

37cm
(96针)　全下针

6cm
(18行)

双罗纹

28cm
(84行)

14cm
(42行)

前片

全下针

4cm
(12行)

花样B

37cm(96针)

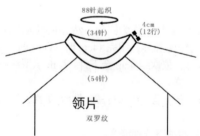

88针起织

(34针)

4cm
(12行)

(54针)

领片
双罗纹

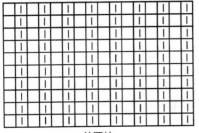

单罗纹

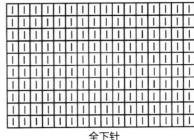

双罗纹

全下针

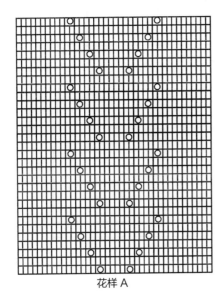

花样 A

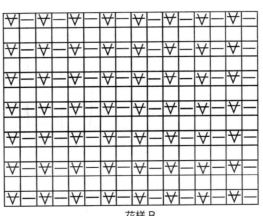

花样 B

蓝色无袖小裙

【成品尺寸】衣长 41cm　胸围 62cm
【工具】3.5mm 棒针　钩针
【材料】蓝色羊毛绒线若干　白色线少许
【密度】10cm² ：26 针 ×36 行
【附件】亮珠 2 颗　辫子织法的绳子 1 根

【制作过程】
1. 前片：先用下针起针法起 98 针，织 2cm 花样 B 后，改织花样 A，侧缝不用加减针，织至 23cm 时，分散减 18 针，此时的针数为 80 针，开始袖窿以上的编织，并改织花样 A，两边各平收 4 针后，袖窿减针，方法是：每 2 行减 1 针减 4 次，各减 4 针，平织 50 行至肩部。同时在袖窿算起 7cm 时，中间平收 18 针后，领窝减针，方法是：每 2 行减 1 针减 9 次，平织 14 行，至肩部余14 针。
2. 后片：袖窿以下和袖窿减针的织法与前片一样。领窝的织法：在袖窿算起 50 行时，平收 30 针，领窝减针，方法是：每 2 行减 1 针减 3 次，至肩部余 14 针。
3. 编织结束后，将前后片侧缝肩部对应缝合。
4. 领圈用白色线挑 102 针，织 1cm 花样 C，形成圆领。两边袖口用白色线，钩针钩织花边。
5. 用钩针钩织 2 朵小花，缝合于前胸，并缝上亮珠。穿上辫子织法的绳子。编织完成。

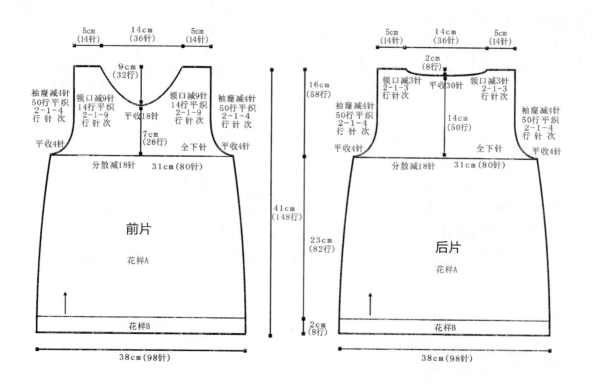

前片
花样A

花样B

38cm（98针）

后片
花样A

花样B

38cm（98针）

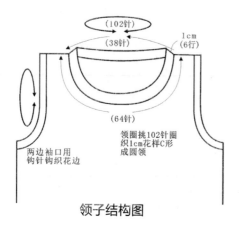

领子结构图

（102针）
（38针）
（64针）
1cm（6行）
领圈挑102针圈织1cm花样C形成圆领

两边袖口用钩针钩织花边

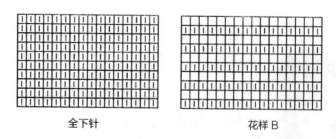

全下针

花样B

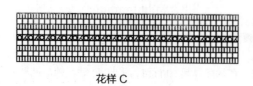

花样C

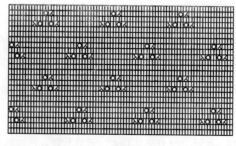

花样A

甜美型拼接连衣裙

【成品尺寸】 衣长 41cm　胸围 31cm

【工具】 3.5mm 棒针

【材料】 红色、粉红色羊毛绒线各若干

【密度】 10cm² ： 26针×36行

【制作过程】

1. 前片：先用红色线起 96 针，织花样 B，再用粉红色线相间，织完 5cm 花样 B 后，改红色线织全下针，织至 16cm 时改用粉红色线编织，并分散减 16 针，改织花样 A，再织 4cm 后进行袖窿以上的编织，两边各平收 6 针后袖窿减针，方法是：每 2 行减 1 针减 10 次，各减 10 针，平织 38 行至肩部。同时在袖窿算起 7cm 时，中间平收 14 针后，领窝减针，方法是：每 2 行减 2 针减 6 次，平织 8 行，至肩部余 10 针。

2. 后片：袖窿以下和袖窿减针的织法与前片一样。领窝的织法：在袖窿算起 14cm 时，平收 32 针，领窝减针，方法是：每 2 行减 1 针减 3 次，至肩部余 10 针。

3. 编织结束后，将前后片侧缝 肩部对应缝合。

4. 领圈挑 102 针，织 1cm 花样 A，形成圆领。两袖口分别挑 84 针，织 1cm 花样 A。编织完成。

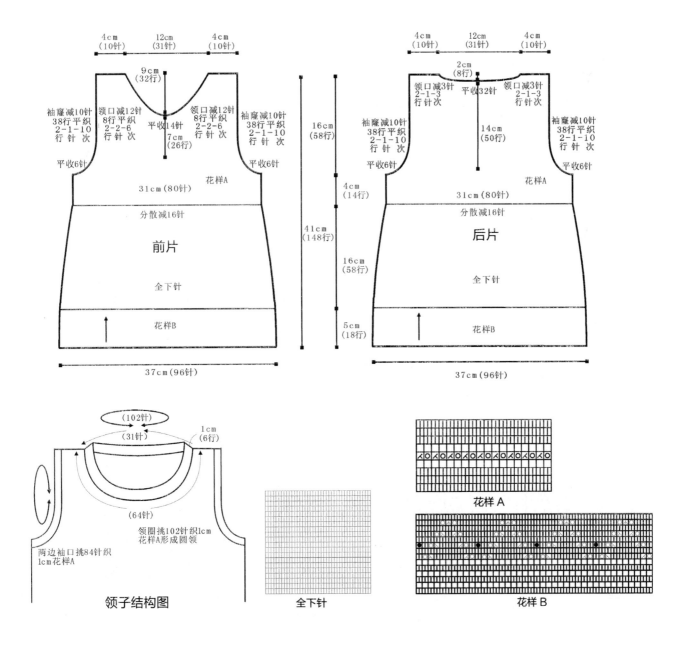

黄色连衣裙套装（上衣）

【成品尺寸】 衣长 20cm　胸围 62cm　袖长 31cm
【工具】 3.5mm 棒针　钩针
【材料】 黄色羊毛绒线若干　咖啡色线少许
【密度】 10cm² : 30 针 ×38 行

【制作过程】

1. 前片：分左右 2 片编织，左前片：用下针起针法起 27 针，织全下针，侧缝不用加减针，衣角加 20 针，方法是：每 2 行加 2 针加 10 次，织片加至 46 针，织至 6cm 时，开始袖窿以上编织。袖窿平收 4 针，开始按图收成袖窿，减针方法是：每 2 行减 2 针减 4 次，平织 48 行至肩部。同时在袖窿算起，织至 8cm 时开领窝，方法是：每 2 行减 2 针减 8 次，织至肩部余 18 针。用同样方法对应编织右前片。

2. 后片：用下针起针法起 93 针，织全下针，侧缝不用加减针，织至 6cm 时，开始袖窿以上编织，左右两边各平收 4 针，开始按图收成袖窿，减针方法与前片袖窿一样。同时在袖窿算起织 12cm 时，中间平收 26 针开领窝，减针方法是：每 2 行减 1 针减 3 次，织至肩部余 18 针。

3. 袖片：用下针起针法起 48 针，织 5cm 单罗纹后，改织全下针，袖下两边按图加针，加针方法是：每 4 行加 1 针加 16 次，织至 68 行时两边各平收 4 针，按图示均匀减针，收成袖山，减针方法是：每 2 行减 1 针减 8 次，每 2 行减 2 针减 6 次，织至顶部余 33 针。

4. 编织结束后，将前后片侧缝、肩部、袖片对应缝合。

5. 领圈边至两边门襟和后片下摆连着挑 352 针，织 3cm 单罗纹。

6. 装饰：用缝衣针在领圈边至两边门襟和后片下摆绣上简单图案。编织完成。

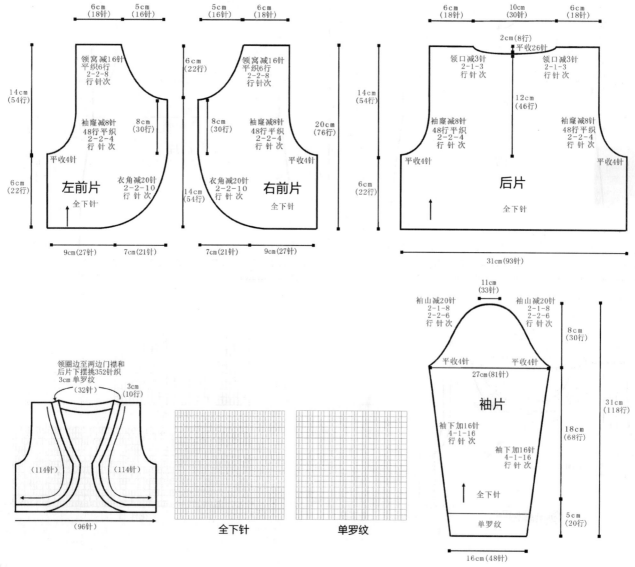

黄色连衣裙套装（裙子）

【成品尺寸】 裙长41cm　胸围76cm

【工具】 3.5mm 棒针　绣花针

【材料】 黄色羊毛绒线若干

【密度】 10cm² ：30针×38行

【附件】 毛线绒球绳子1根

【制作过程】

1. 前片：按图起114针，织6cm全下针，对折缝合，形成双层平针狗牙边，继续往上编织全下针，两边侧缝减12针，方法是：每8行减1针减12次，此时针数为90针，织至25cm时，左右两边平收6针，按图收成袖窿，方法是：每2行减2针减6次，平织38行。同时从袖窿算起织7cm时，中间平收14针后，进行两边领窝减针，方法是：每2行减1针减8次，平织6行至肩部余18针。

2. 后片：袖窿及袖窿以下的编织方法与前片一样，同时从袖窿算起织13cm时，中间平收26针后，进行两边领窝减针，方法是：每2行减1针减2次，织至肩部余18针。

3. 编织结束后，将前后片侧缝、肩部缝合。

4. 领圈挑124针，织10行单罗纹，形成圆领。两边袖口挑160针，织10行单罗纹。

5. 用绣花针，按十字绣的绣法，绣上下摆图案。穿上毛线绒球绳子。编织完成。

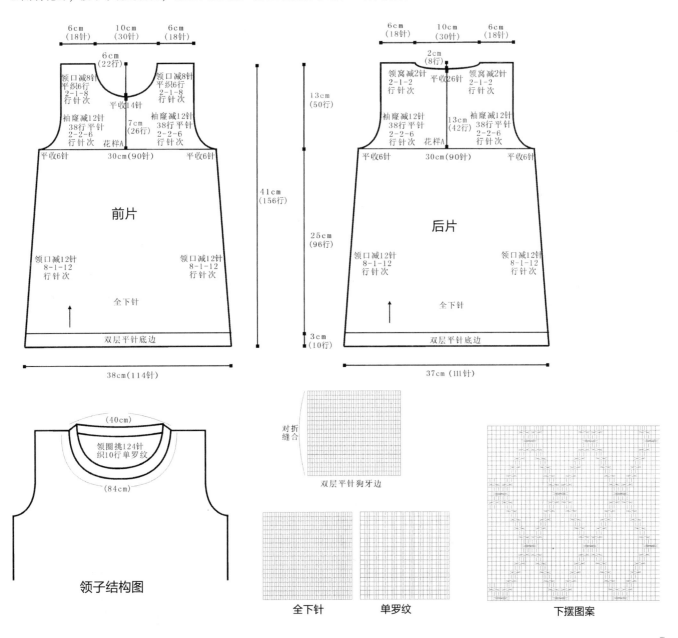

简约时尚背心

【成品尺寸】 衣长 37cm　胸宽 33cm
【工具】 3.5mm 棒针
【材料】 白色、灰色羊毛绒线各若干
【密度】 10cm² ：26 针 ×36 行

【制作过程】

1. 前片：用下针起针法，起 86 针，编织 2cm 全下针后，改织 3cm 双罗纹，然后再改织花样，侧缝不用加减针，织 17cm 至袖隆。
袖隆以上：两边袖隆平收 7 针后减针，方法是：每 2 行减 1 针减 8 次，各减 8 针，余下针数不加不减织 10cm。从袖隆算起织至 10cm 时，开始开领窝，先平收 20 针，然后两边减针，方法是：每 2 行减 1 针减 8 次，共减 8 针，不加不减织至肩部余 10 针。

2. 后片：用下针起针法，起 86 针，编织 2cm 全下针后，改织 3cm 双罗纹，然后再改织花样，侧缝不用加减针，织 17cm 至袖隆。袖隆以上，织法与前片一样。织至袖隆算起 13cm 时，开后领窝，中间平收 28 针，两边减针，每 2 行减 1 针减 4 次，织至两边肩部余 10 针。

3. 缝合：将前片的侧缝与后片的侧缝对应缝合。前片的肩部与后片的肩部缝合。

4. 袖口：两边分别挑 78 针，环织 12 行双罗纹后，再织 8 行全下针，另起 78 针，环织 12 行全下针，缝合袖口内侧，形成双层卷边。用同样方法编织另一袖口。

5. 领子：领圈边挑 90 针，环织 12 行双罗纹后，再织 8 行全下针，另起 90 针，环织 12 行全下针，缝合于袖口的内侧，形成双层卷边。编织完成。

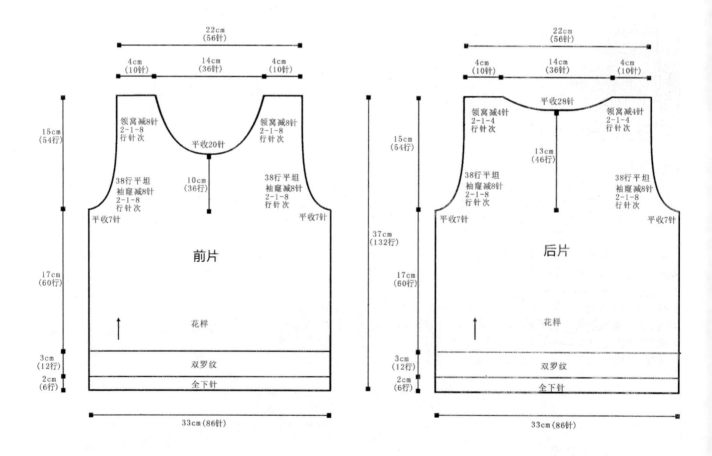

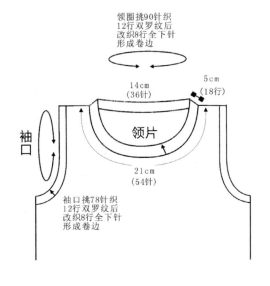

领圈挑90针织
12行双罗纹后
改织8行全下针
形成卷边

14cm
（36针）

5cm
（18行）

袖
口

领片

21cm
（54针）

袖口挑78针织
12行双罗纹后
改织8行全下针
形成卷边

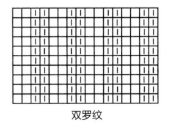

双罗纹

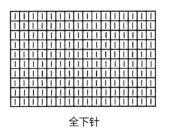

全下针

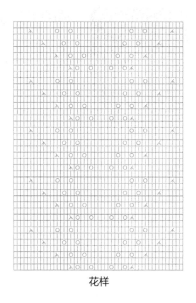

花样

修身可爱外套

【成品尺寸】衣长 37cm　胸围 44cm　袖长 31cm

【工具】3.5mm 棒针　缝衣针

【材料】绿色羊毛绒线若干

【密度】10cm^2：28 针 ×34 行

【附件】纽扣 3 枚

【制作过程】

1. 前片：分左右 2 片编织，左前片：用下针起针法起 39 针，先织 1cm 单罗纹后，改织全下针，门襟留 6 针继续织单罗纹，侧缝减针，方法是：每 10 行减 1 针减 6 次，织至 18cm 时，余 32 针改织单罗纹，织 3cm 开始袖窿以上编织。开始进行袖窿减针，方法是：每 2 行减 2 针减 3 次，平织 18 行至肩部。同时在袖窿算起，织至 9cm 时，领窝平收 16 针，余 12 针不加不减织 6cm。用同样方法对应编织右前片。

2. 后片：用下针起针法起 78 针，先织 1cm 单罗纹后，改织全下针，侧缝减针，方法与前片侧缝一样，织至 18cm 时，余 32 针改织单罗纹，织 3cm 开始袖窿以上编织，左右两边开始进行袖窿减针，减针方法与前片袖窿一样。此时针数为 52 针，不加不减织至肩部。

3. 袖片：用下针起针法起 44 针，织单罗纹，袖下两边按图加针，加针方法是：每 8 行加 1 针加 8 次，织至 21cm 时两边按图示均匀减针，收成袖山，减针方法为：每 2 行减 1 针减 8 次，每 2 行减 2 针减 8 次，织至顶部余 12 针。

4. 编织结束后，将前后片侧缝、肩部、袖片对应缝合。

5. 装饰：制作 2 个毛毛球，缝合到两边袖口，用缝衣针缝上纽扣。编织完成。

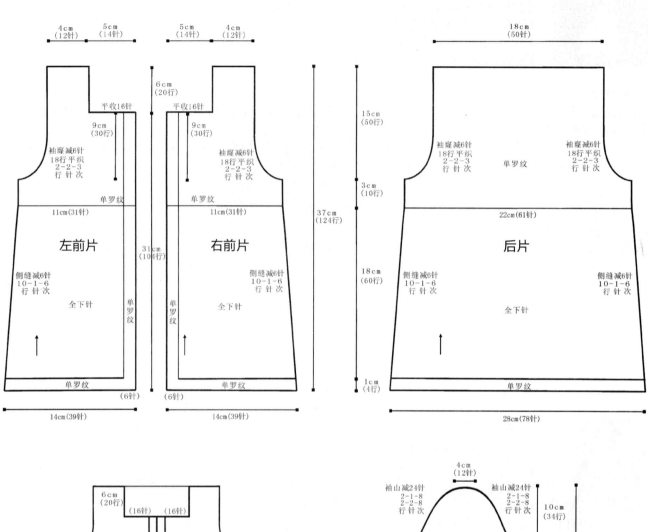

4cm（12针）　5cm（14针）　　5cm（14针）　4cm（12针）

18cm（50针）

6cm（20行）

平收16针　平收16针

9cm（30行）　　9cm（30行）

15cm（50行）

袖窿减6针
18行平织
2-2-3
行 针 次

袖窿减6针
18行平织
2-2-3
行 针 次

袖窿减6针
18行平织
2-2-3
行 针 次

袖窿减6针
18行平织
2-2-3
行 针 次

单罗纹

单罗纹

单罗纹

3cm（10行）

单罗纹

11cm（31针）　　11cm（31针）　　22cm（61针）

左前片　　右前片　　后片

37cm（124行）

31cm（104行）

18cm（60行）

侧缝减6针
10-1-6
行 针 次

侧缝减6针
10-1-6
行 针 次

侧缝减6针
10-1-6
行 针 次

侧缝减6针
10-1-6
行 针 次

全下针　　全下针　　全下针

单罗纹

单罗纹

单罗纹

1cm（4行）

单罗纹　　单罗纹　　单罗纹

（6针）　　（6针）

14cm（39针）　　14cm（39针）　　28cm（78针）

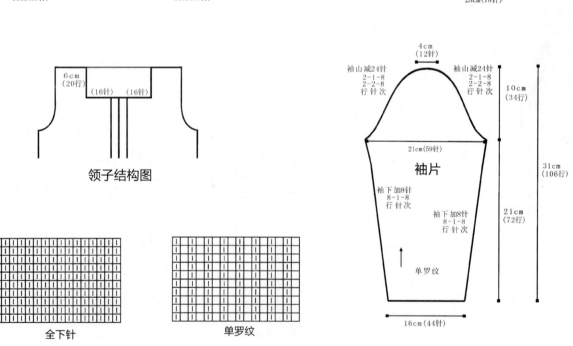

6cm（20行）

（16针）　（16针）

领子结构图

4cm（12针）

袖山减24针
2-1-8
2-2-8
行 针 次

袖山减24针
2-1-8
2-2-8
行 针 次

10cm（34行）

21cm（59针）

袖片

31cm（106行）

袖下加8针
8-1-8
行 针 次

袖下加8针
8-1-8
行 针 次

21cm（72行）

单罗纹

16cm（44针）

全下针　　单罗纹

优雅淑女套装（开衫）

【成品尺寸】 衣长 24cm　胸围 78cm　连肩袖长 20cm

【工具】 3.5mm 棒针　绣花针

【材料】 玫红色羊毛绒线若干

【密度】 10cm² ：28 针 ×36 行

【附件】 纽扣 1 枚

【制作过程】

1. 从领圈往下编织，用一般起针法起 140 针，织全下针，并开始分前后片和袖片，之间留 2 针径，在 2 针两边加针，方法是：每 2 行加 1 针加 24 次，至 332 针。

2. 织至 17cm 时，分片编织。前片：分左右 2 片编织，左片分出 48 针在袖窿处平加 6 针至 54 针，继续编织全下针，同时衣角减针，方法是：每 2 行减 2 针减 15 次，织至 11cm 时余 24 针。用同样方法编织右片。

3. 后片：分出 96 针，在两边袖窿各平加 6 针至 109 针，继续编织 11cm 全下针。

4. 袖片：分出 70 针，两边各平加 6 针至 82 针，继续编织全下针，袖下减针，方法是：每 8 行减 1 针减 2 次，织 18 行后改织 2cm 双罗纹。

5. 缝合：前后片的侧缝缝合。

6. 领圈挑 124 针，织 4cm 双罗纹，形成开襟圆领。门襟至后片下摆挑 352 针，织 20 行双罗纹。缝上纽扣。编织完成。

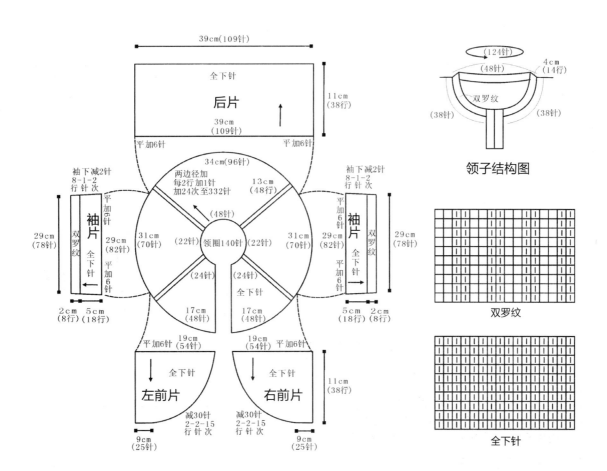

领子结构图

双罗纹

全下针

优雅淑女套装（裙子）

【成品尺寸】 衣长 48cm　胸围 64cm
【工具】 3.5mm 棒针
【材料】 白色羊毛绒线若干
【密度】 10cm² ：32 针 ×44 行

【制作过程】

1. 前片：用下针起针法，起 102 针，先织 12cm 花样 C 后，改织花样 B，侧缝两边各减 11 针，方法是：每 8 行减 1 针减 11 次，织 22cm 时，针数为 80 针，开始袖窿以上的编织。袖窿以上织花样 A，两边平收 6 针后，进行袖窿减针，方法是：每 2 行减 1 针减 20 次，织 14cm 至顶部余 26 针。两边留 6 针编织 52 行肩带，其余针数平收。

2. 后片：编织方法与前片一样。

3. 缝合：将前片的侧缝与后片的侧缝对应缝合。两边肩带缝合。编织完成。

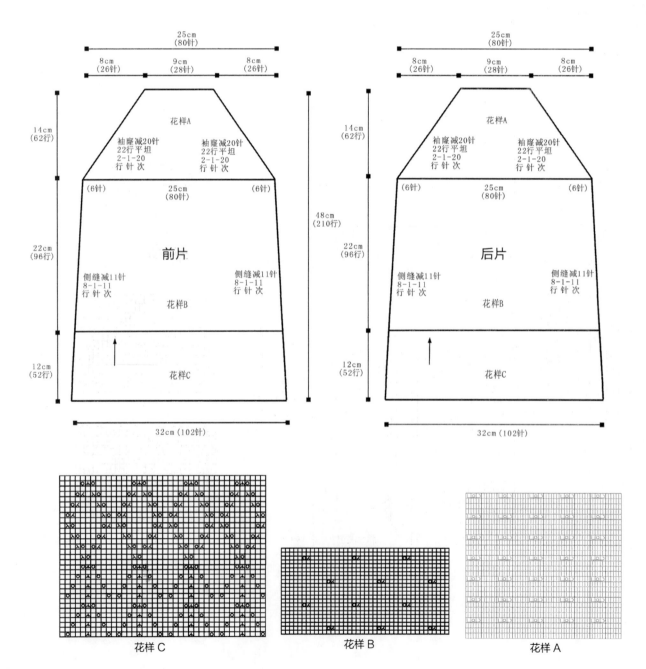

花样 C　　　　花样 B　　　　花样 A

简洁系扣外套

【成品尺寸】衣长 42cm　胸围 74cm　连肩袖长 40cm

【工具】3.5mm 棒针　绣花针

【材料】绿色羊毛绒线若干

【密度】10cm² ：20 针 ×28 行

【附件】纽扣 5 枚

【制作过程】

1. 环形片：用一般起针法起 92 针，两边门襟各留 8 针织花样 C，然后其余织花样 A，并按花样 A 加针，方法是：每 2 行加 2 针加 7 次，织至 18cm 时，环形片编织完成，开始分前后片和袖片。

2. 前片：分左右 2 片编织。左前片：分出 37 针，门襟继续织花样 C，并均匀开纽扣孔，其余改织花样 B，侧缝不用加减针，织至 21cm 后，改织 3cm 花样 C。用同样方法对应编织右前片。

3. 后片：后片分出 74 针，改织花样 B，侧缝不用加减针，织至 21cm 后，改织 3cm 花样 C。

4. 袖片：袖片分出 62 针，织全下针，袖下减针，方法是：每 8 行减 1 针减 10 次，织至 22cm 后，改织 5cm 花样 C。用同样方法编织另一袖片。

5. 装饰：缝上纽扣。编织完成。

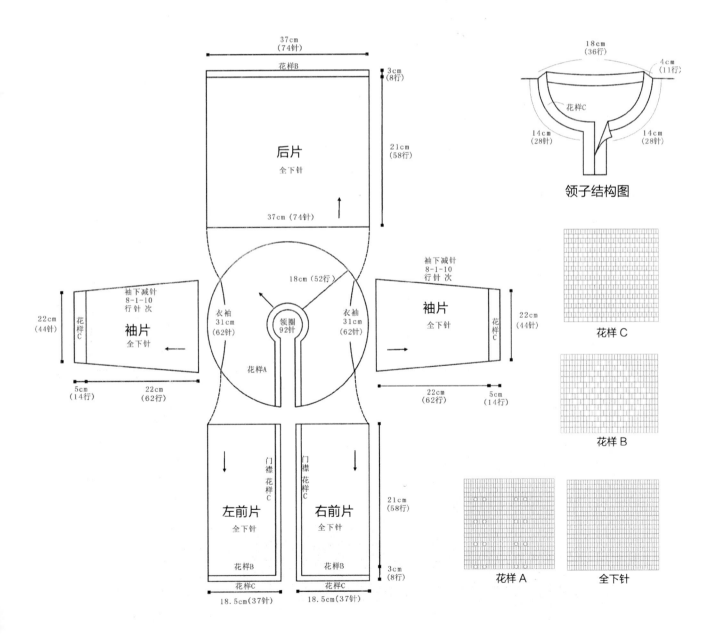

韩版宽松连衣裙

【成品尺寸】衣长 35cm　胸围 76cm
【工具】3.5mm 棒针
【材料】橙红色羊毛绒线若干
【密度】10cm² ： 28 针 ×36 行
【附件】装饰绳子 1 根　钩织花朵

【制作过程】

1. 领口环形片：用白色线下针起针法起 104 针，圈织 6 行花样 B 后，改用橙色线织全下针，并开始分前后片和两边袖片，每分片的中间留 2 针径，按花样 C 加针，织完 11cm 时织片的针数为 264 针，环形片完成。
2. 开始分出前后片和两片袖片。前片：分出 81 针，两边各平加 3 针至 87 针，然后分散加 24 针，共 111 针继续织全下针，侧缝不用加减针，在差不多至下摆时织花样 A，织至 18cm 时，用白色线改织 3cm 花样 B，收针断线。
3. 后片：分出 81 针，织法与前片一样。
4. 缝合：将前片的侧缝和后片的侧缝缝合。两边袖口用白色线，挑 86 针，织 6 行花样 B。
5. 缝上钩织花朵，穿上装饰绳子。编织完成。

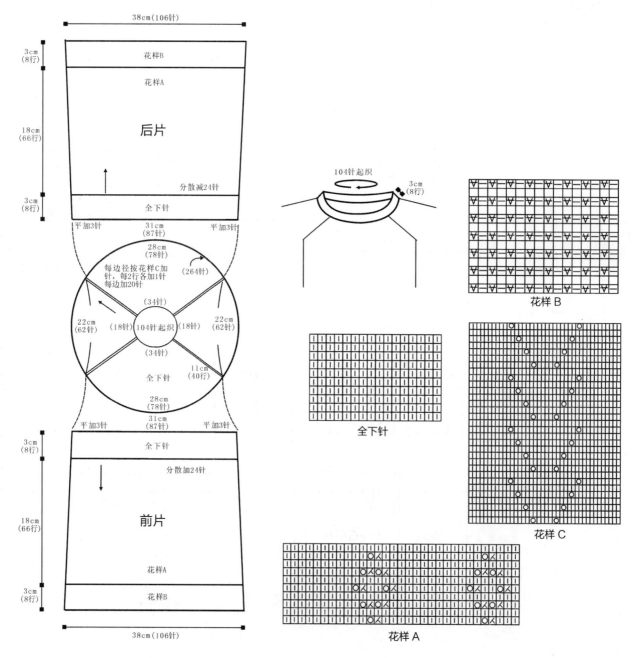

民族风男孩马甲

【成品尺寸】 衣长 36cm　胸围 34cm
【工具】 3.5mm 棒针　缝衣针
【材料】 浅灰色羊毛绒线线若干　黑色、蓝色线各少许
【密度】 10cm² ：20 针 ×28 行
【附件】 纽扣 3 枚

【制作过程】

1. 前片：分左右 2 片编织。左前片：用黑色线机器边起针法起 36 针，织 5cm 单罗纹后，改织全下针，并编入前片图案，侧缝不用加减针，织至 16cm 时开始袖窿以上编织，袖窿平收 4 针后减针，方法是：每 2 行减 2 针减 5 次，平织 36 行至肩部，同时进行领窝减针，方法是：每 4 行减 1 针减 10 次，织至肩部余 12 针。用同样方法反方向编织右前片。

2. 后片：用黑色线机器边起针法起 72 针，织 5cm 单罗纹后，改织全下针，侧缝不用加减针，织至 44 行时左右两边开始袖窿减针，方法与前片一样。同时从袖窿算起，织至 14cm 时，中间平收 18 针后，两边领窝减针，方法是：每 2 行减 1 针减 2 次，至肩部余 12 针。

3. 编织结束后，将前后片侧缝、肩部对应缝合。

4. 两边门襟至领窝挑 206 针，织 8 行单罗纹，其中织 2 行黑色线，左边门襟均匀地开纽扣孔。

5. 两边袖口挑 76 针，织 8 行单罗纹，其中织 2 行黑色线。

6. 用缝衣针缝上纽扣。编织完成。

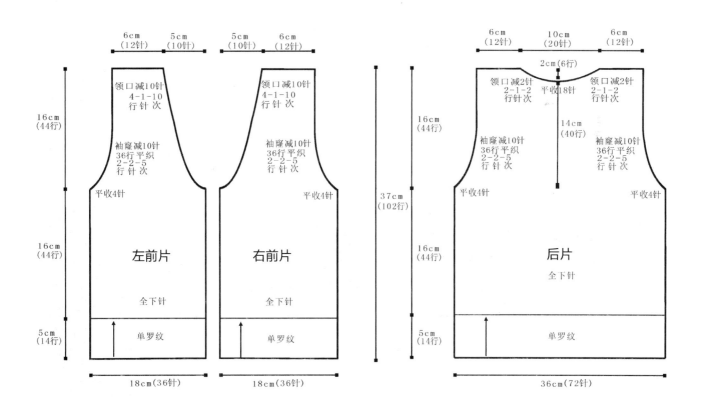

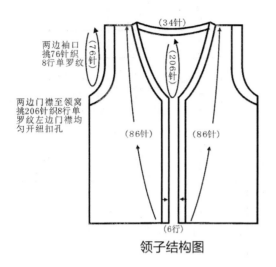

两边袖口
挑76针织
8行单罗纹

(76针)

(34针)

(206针)

两边门襟至领窝
挑206针织8行单
罗纹左边门襟均
匀开纽扣孔

(86针)　　(86针)

(6行)

领子结构图

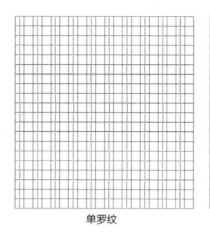

单罗纹

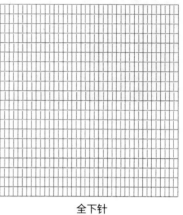

全下针

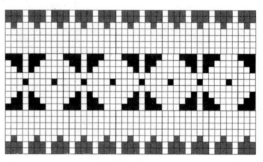

前片图案

大口袋无袖连衣裙

【成品尺寸】 衣长 48cm　胸围 72cm
【工具】 3.5mm 棒针
【材料】 红色羊毛绒线若干
【密度】 10cm^2：20 针 ×26 行

【制作过程】

1. 前片：用下针起针法，起 72 针，织 5cm 花样 B 后，改织全下针，侧缝不用加减针，织 27cm 时，开始袖窿以上的编织。袖窿两边平收 5 针，然后减针，方法是：每 2 行减 1 针减 4 次，余下针数不加不减织 8 行。从袖窿算起织至 5cm 时，开始开领窝，两边各减 7 针，方法是：每 2 行减 1 针减 7 次，平织 5cm，至肩部余 8 针。

2. 后片：袖窿和袖窿以下的织法与前片一样，从袖窿算起织至 14cm 时，开始开领窝，两边各减 2 针，方法是：每 2 行减 1 针减 2 次，至肩部余 8 针。

3. 缝合：将前片的侧缝与后片的侧缝对应缝合。前片的肩部与后片的肩部缝合。

4. 袖口：两边袖口用钩针钩织花边。

5. 领子：领圈边用钩针钩织花边。

6. 口袋另织好，与前片缝合，系上带子。编织完成。

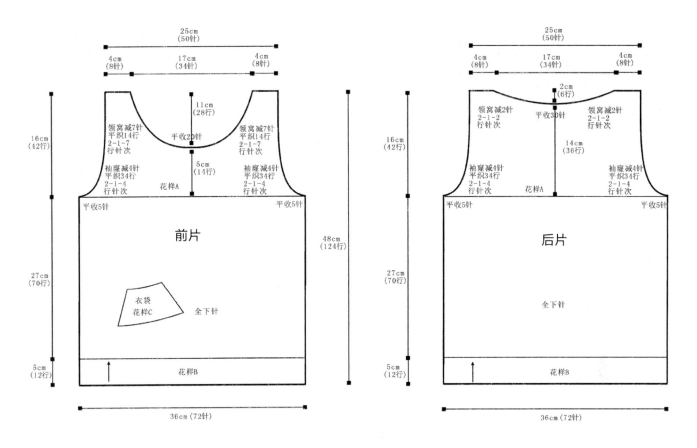

25cm
(50针)

4cm (8针)　17cm (34针)　4cm (8针)

11cm (28行)

领窝减7针
平织14行
2-1-7
行针次

平收20针

领窝减7针
平织14行
2-1-7
行针次

5cm (14行)

16cm (42行)

袖窿减4针
平织34行
2-1-4
行针次

花样A

袖窿减4针
平织34行
2-1-4
行针次

平收5针　　平收5针

前片

48cm (124行)

27cm (70行)

衣袋
花样C

全下针

5cm (12行)

花样B

36cm (72针)

25cm (50针)

4cm (8针)　17cm (34针)　4cm (8针)

2cm (6行)

领窝减2针
2-1-2
行针次

平收30针

领窝减2针
2-1-2
行针次

16cm (42行)

14cm (36行)

袖窿减4针
平织34行
2-1-4
行针次

花样A

袖窿减4针
平织34行
2-1-4
行针次

平收5针　　平收5针

后片

27cm (70行)

全下针

5cm (12行)

花样B

36cm (72针)

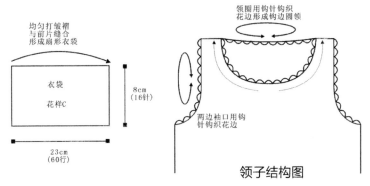

均匀打皱褶
与前片缝合
形成扇形衣袋

衣袋
花样C

8cm (16针)

23cm (60行)

领圈用钩针钩织
花边形成钩边圆领

两边袖口用钩
针钩织花边

领子结构图

钩针花边

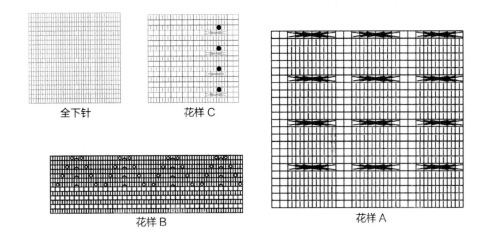

全下针　　　花样 C

花样 B　　　　花样 A

清新条纹小背心

【成品尺寸】 衣长 30cm　胸围 25cm

【工具】 3.5mm 棒针　缝衣针

【材料】 浅紫色、白色羊毛绒线各若干

【密度】 10cm² ：26 针 ×38 行

【附件】 纽扣 2 枚

【制作过程】

1. 前片：先用浅紫色线，按图用机器边起针法起 65 针，织 3cm 双罗纹后，改织花样 A，侧缝不用加减针，同时用白色线配色，织至 14cm 时，两边平收 4 针后按图收成袖窿，方法为：每 2 行减 2 针，减 2 次，共减 8 针，然后不用加减针平织 18 行后，用浅紫色线织 2cm 花样 B，余 50 针，收针断线。

2. 后片：袖窿以下织法与前片一样。袖窿以上编织方法为：两边平收 4 针后按图收成袖窿，方法与前片袖窿一样，然后不用加减针平织 13cm 后，在中间平收 34 针，两边肩部继续编织至 7cm，余 8 针，收针断线。

3. 编织结束后，将前后片侧缝缝合，后片肩部 A 和 B 分别与前片 D 和 C 缝合。

4. 后领窝挑 70 针，织 2cm 花样 B，两袖口分别挑 76 针，织 2cm 花样 B。

5. 用缝衣针缝上纽扣。编织完成。

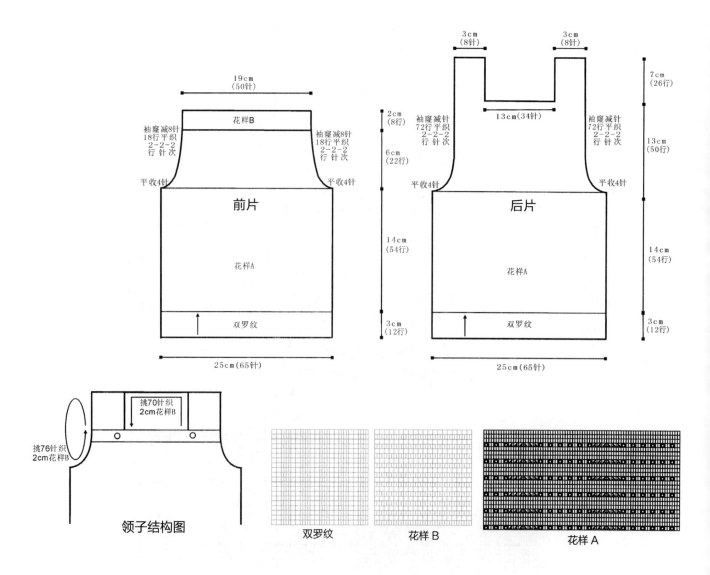

领子结构图

双罗纹　　花样 B　　花样 A

可爱小熊外套

【成品尺寸】 衣长 34cm 胸围 60cm 袖长 29cm

【工具】 3.5mm 棒针 绣花针

【材料】 蓝色、白色羊毛绒线各若干 黑色、黄色羊毛绒线各少许

【密度】 10cm² ：26 针 ×38 行

【附件】 纽扣 5 枚

【制作过程】

1. 从领圈往下编织，按编织方向，用一般起针法起 76 针，先织 3cm 单罗纹，作为领子，然后继续织全下针，并开始分前后片和袖片，每片之间各留 2 针，并在 2 针两边每 2 行各加 2 针加 23 次，织至 12cm 时，针数为 260 针，分片编织时，在每片的两边直加 3 针至 280 针。

2. 后片：分出 78 针，继续织 19cm 全下针后，侧缝不用加减针，改织 3cm 单罗纹，并按图编入花样图案。

3. 前片：分左右前片，左右前片各分出 39 针，织法与后片一样。

4. 袖片：分出 60 针，继续织 17cm 全下针，袖下减针，方法是：每 8 行减 1 针减 7 次，然后织 3cm 单罗纹。

5. 门襟：另起 6 针，织 27cm 单罗纹，由片按图开纽扣孔，再与前片缝合。编织完成。

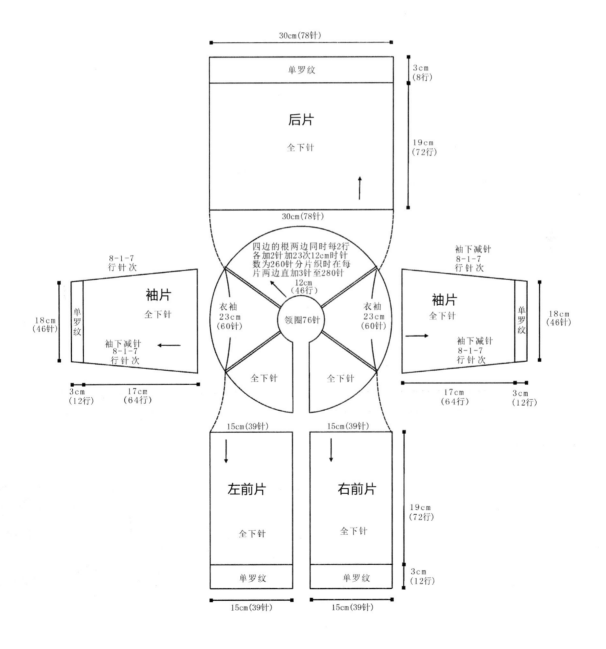

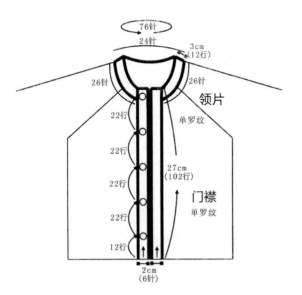

76针
24针
3cm
(12行)

26针　26针

领片

22行

22行

单罗纹

22行

27cm
(102行)

门襟
单罗纹

22行

22行

12行

2cm
(6针)

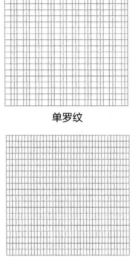

单罗纹

全下针

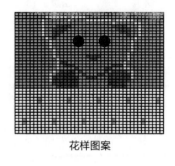

花样图案

卡通小圆领背心

【成品尺寸】 衣长 35cm　胸围 66cm

【工具】 3.5mm 棒针　缝衣针

【材料】 黄色羊毛绒线若干　红色、蓝色、绿色、橙色羊毛绒线各少许

【密度】 10cm² ：26 针 ×36 行

【附件】 纽扣 2 枚

【制作过程】

1. 前片：先用红色线织 4 行单罗纹，再换黄色线织完 5cm 单罗纹后，改织全下针，并用红色、蓝色、绿色、橙色羊毛绒线编入前片图案，织 17cm 后进行袖窿以上部分的编织，两边各平收 8 针后，收袖窿，方法是：每 2 行减 1 针减 8 次，平织 30 行。同时中间从袖窿算起第 6cm 时，平收 16 针后，收领窝，方法是：每 2 行减 1 针减 7 次，平织 10 行，至肩部余 13 针。

2. 后片：袖窿以下和袖窿减针的织法与前片一样。领窝的织法：从袖窿算起第 11cm 时，平收 24 针，收领窝，方法是：每 2 行减 1 针减 3 次，至肩部余 13 针。

3. 编织结束后，将前后片侧缝、肩部对应缝合。

4. 领圈挑 94 针，织 3cm 单罗纹，后 4 行用红色线，形成圆领；两袖口分别挑 96 针，织 3cm 单罗纹，后 4 行用红色线编织。

5. 用缝衣针缝上纽扣，作为图案的眼睛。编织完成。

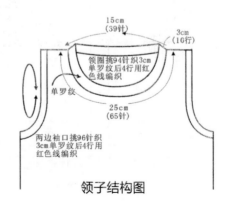

15cm
(39针)

3cm
(10行)

领圈挑94针织3cm
单罗纹后4行用红
色线编织

单罗纹

25cm
(65针)

两边袖口挑96针织
3cm单罗纹后4行用
红色线编织

领子结构图

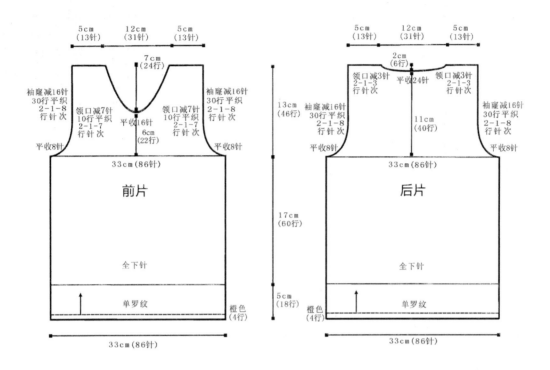

5cm
(13针)　12cm
(31针)　5cm
(13针)

7cm
(24行)

袖窿减16针
30行平织
2-1-8
行针次

领口减7针
10行平织
2-1-7
行针次

平收16针
6cm
(22行)

领口减7针
10行平织
2-1-7
行针次

袖窿减16针
30行平织
2-1-8
行针次

平收8针

前片

平收8针

33cm(86针)

全下针

单罗纹

橙色
(4行)

33cm(86针)

5cm
(13针)　12cm
(31针)　5cm
(13针)

2cm
(6行)

领口减3针
2-1-3
行针次　平收24针　领口减3针
2-1-3
行针次

13cm
(46行)

袖窿减16针
30行平织
2-1-8
行针次

11cm
(40行)

袖窿减16针
30行平织
2-1-8
行针次

平收8针

后片

平收8针

33cm(86针)

17cm
(60行)

全下针

5cm
(18行)

单罗纹

橙色
(4行)

33cm(86针)

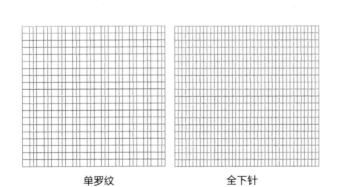

单罗纹　　　　全下针

前片图案

梦幻镂空毛衣

【成品尺寸】衣长 33cm　胸围 60cm　袖长 13cm
【工具】3.5mm 棒针
【材料】紫色羊毛绒线若干　白色线少许
【密度】10cm² ：24 针 ×32 行

【制作过程】

1. 从领圈往下编织，按编织方向，用一般起针法起 84 针，先织 4 行全下针后，再织 6 行双罗纹，作为领子，然后继续织花样 A，并按花样 A 加针，织至 10cm 时，针数加至为 256 针，分片编织时，在每片的两边直加 2 针至 272 针。
2. 后片：分出 72 针，继续织 20cm 全下针后，侧缝不用加减针，改织 3cm 花样 B，收针。
3. 前片：分出 72 针，织法与后片一样。
4. 袖片：两袖片各分出 56 针，织 6 行双罗纹后，改织 4 行全下针。
5. 前片和后片对应缝合，袖口和领圈边用白色线绕边。编织完成。

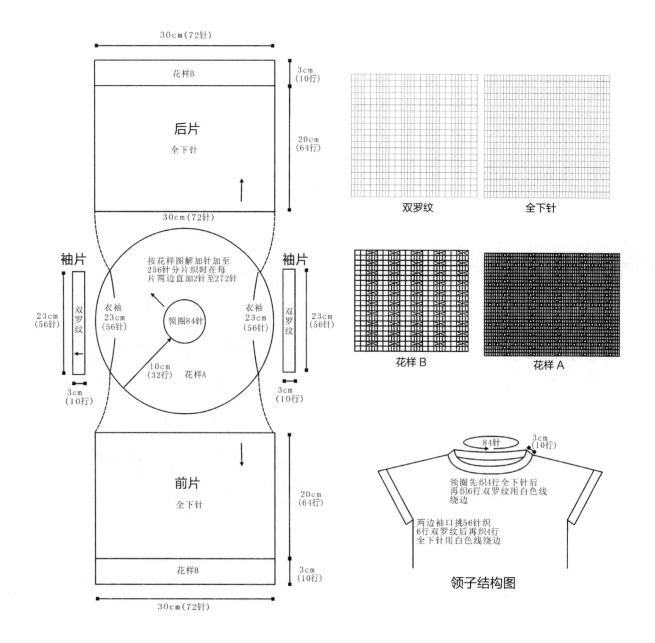

30cm(72针)

花样B

后片
全下针

3cm
(10行)

20cm
(64行)

30cm(72针)

双罗纹　　全下针

袖片

袖片

23cm
(56针)

双罗纹

衣袖
23cm
(56针)

按花样图解加针加至256针分片织时在每片两边直加2针至272针

衣袖
23cm
(56针)

双罗纹

23cm
(56针)

3cm
(10行)

领圈84针

3cm
(10行)

10cm
(32行)　花样A

花样 B　　花样 A

前片
全下针

20cm
(64行)

花样B

3cm
(10行)

30cm(72针)

84针

3cm
(10行)

领圈先织4行全下针后再织6行双罗纹用白色线绕边

两边袖口挑56针织6行双罗纹后再织4行全下针用白色线绕边

领子结构图

拼接镂空小短袖

【成品尺寸】衣长 34cm 胸围 62cm 袖长 16cm
【工具】3.5mm 棒针
【材料】粉红色羊毛绒线线若干 白色线少许
【密度】10cm² ：22 针 ×32 行

【制作过程】

1. 从领圈往下编织，按编织方向，用一般起针法起 96 针，先织 4 行全下针后，再织 8 行双罗纹，作为领子，然后继续织花样 A，并按花样 A 加针，织至 12cm 时，针数加至为 248 针，分片编织时，在每片的两边直加 2 针至 264 针。
2. 后片：分出 68 针，继续织 18cm 全下针后，并按图配色，侧缝不用加减针，改织 4cm 花样 B，收针。
3. 前片：分出 68 针，织法与后片一样。
4. 袖片：两袖片各分出 51 针，织 4cm 双罗纹后，改织 4 行全下针。
5. 前片和后片对应缝合。编织完成。

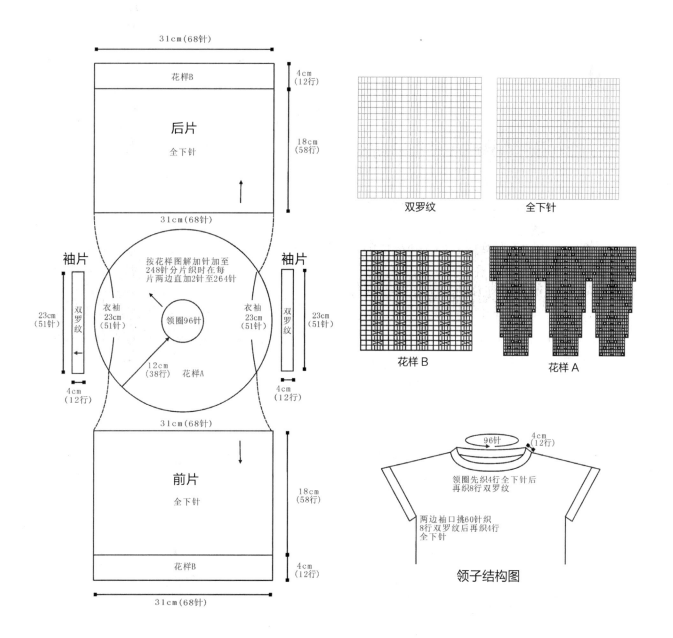

粉色公主毛衣

【成品尺寸】衣长 47cm　胸围 80cm
【工具】3.5mm 棒针　缝衣针　钩针
【材料】粉红色羊毛绒线若干
【密度】10cm² : 20 针 ×26 行

【制作过程】

1. 前片：按图平针起针法起 80 针，织 6cm 花样 B 后，改织全下针，侧缝不用加减针，织至 19cm 时，改织花样 A，再织 4cm 开始编织袖窿以上部分，左右两边平收 5 针后，进行两边袖窿减针，方法是：每 2 行减 1 针减 5 次，平织 36 行。同时进行领窝减针，从袖窿算起 12cm 时，在中间平收 20 针，两边领窝减针。方法是：每 2 行减 1 针减 8 次，肩部余 12 针。

2. 后片：袖窿和袖窿以下部分织法与前片一样。领窝减针，从袖窿算起织至 16cm 时，在中间平收 30 针，两边领窝减针，方法是：每 2 行减 1 针减 3 次，至肩部余 12 针。

3. 编织结束后，将前后片侧缝、肩部缝合。

4. 领圈以编右为中点挑 84 针，织 8cm 花样 C，形成编右翻领，并用钩针钩织花边。

5. 衣袋：起 24 针，织 11cm 花样 C 后，改织 3cm 双罗纹，用钩针钩织花边后，与前片缝合。编织完成。

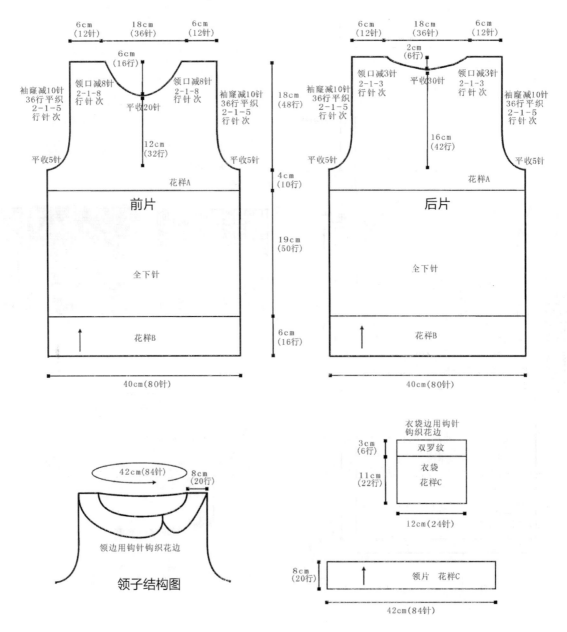

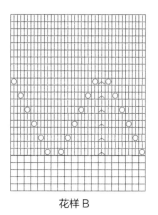

花样 B

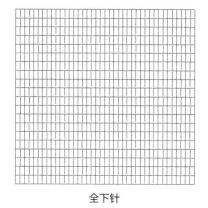

全下针

钩针花边

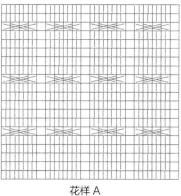

花样 A

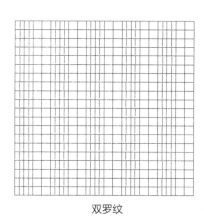

双罗纹

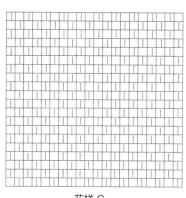

花样 C

立体花朵翻领毛衣

【成品尺寸】衣长 45cm 胸围 60cm 袖长 16cm
【工具】3.5mm 棒针 钩针
【材料】玫瑰红色羊毛绒线若干
【密度】10cm² ：26 针 ×34 行

【制作过程】

1. 毛衣是从领圈往下编织，用下针起针法起 92 针，织花样 A，先片织 7cm 然后圈织，两边门襟留 6 针织单罗纹，同时按花样 A 加针，织至 15cm 时，开始分前后片和袖片。

2. 前片：分出 78 针，织 15cm 全下针后，分散加针 (隔 9 针加 1 针)，并改织 13cm 花样 B，再织 2cm 单罗纹，收针断线。

3. 后片：织法与前片一样。

4. 袖口：两边袖口各分出 72 针，织 1cm 花样 C。

5. 翻领：领圈挑 92 针，织 20 行单罗纹。

6. 装饰：用钩针钩织小花，缝于胸前。编织完成。

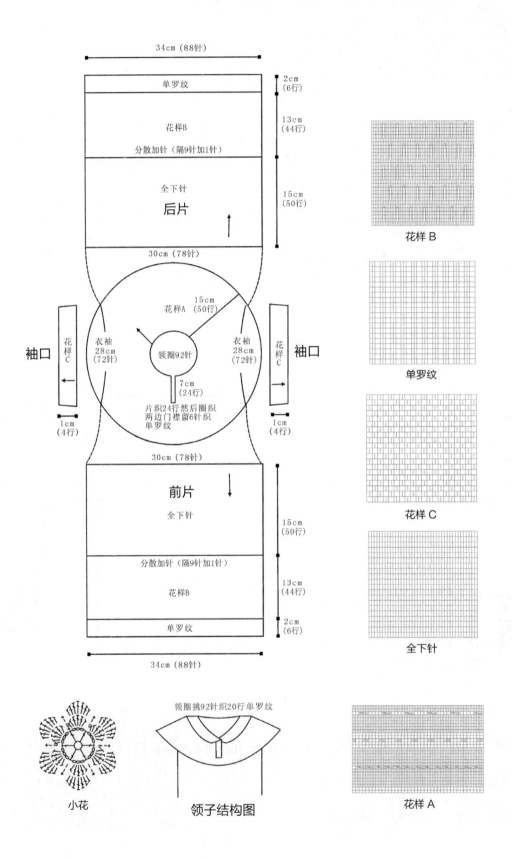

34cm (88针)

单罗纹

2cm (6行)

花样B

分散加针（隔9针加1针）

13cm (44行)

全下针

15cm (50行)

后片

30cm (78针)

15cm (50行)

花样A

领圈92针

7cm (24行)

片织24行然后圈织
两边门襟留6针织
单罗纹

衣袖
28cm
(72针)

衣袖
28cm
(72针)

袖口

花样C

袖口

花样C

1cm (4行)

1cm (4行)

30cm (78针)

前片

全下针

15cm (50行)

分散加针（隔9针加1针）

花样B

13cm (44行)

单罗纹

2cm (6行)

34cm (88针)

花样 B

单罗纹

花样 C

全下针

小花

领圈挑92针织20行 单罗纹

领子结构图

花样 A

粉红女孩套头毛衣

【成品尺寸】 衣长 36cm　胸围 60cm　袖长 32cm
【工具】 3.5mm 棒针
【材料】 粉红色羊毛绒线若干
【密度】 10cm² ： 30 针 ×40 行
【附件】 人物图案亮珠 2 颗

【制作过程】

1. 前片：按图用下针起针法起 90 针，织 4cm 单罗纹后，改织 4cm 花样 B，再改织花样 A，侧缝不用加减针，织至 18cm 时，开始编织袖窿以上部分，两边平收 5 针，然后袖窿减针，方法是：每 2 行减 1 针减 2 次，52 行平织。同时从袖窿算起，织 14cm 时，在中间平收 20 针，两边领窝减针，方法是：每 2 行减 1 针减 8 次，平织 8 行，至肩部余 21 针。

2. 后片：袖窿和袖窿以下部分织法与前片一样。织全下针，从袖窿算起，织至 12cm 时，在中间平收 32 针，两边领窝减针，方法是：每 2 行减 1 针减 2 次，平织 4 行，至肩部余 21 针。

3. 袖片：按图用平针起针法起 60 针，织 4cm 单罗纹后，改织全下针，袖下按图加针，方法是：每 8 行加 1 针加 12 次，织至 24cm，按图示两边平收 5 针后，袖山减针，方法是：每 2 行减 1 针减 9 次，每 2 行减 2 针减 3 次，每 2 行减 3 针减 3 次，每 2 行减 4 减 1 次，顶部余 18 针。

4. 编织结束后，将前后片侧缝、肩部、袖片对应缝合。

5. 领圈挑 90 针，织 3cm 单罗纹，形成圆领。

6. 用毛线编织 2 条人物图案上的辫子，缝上亮珠。编织完成。

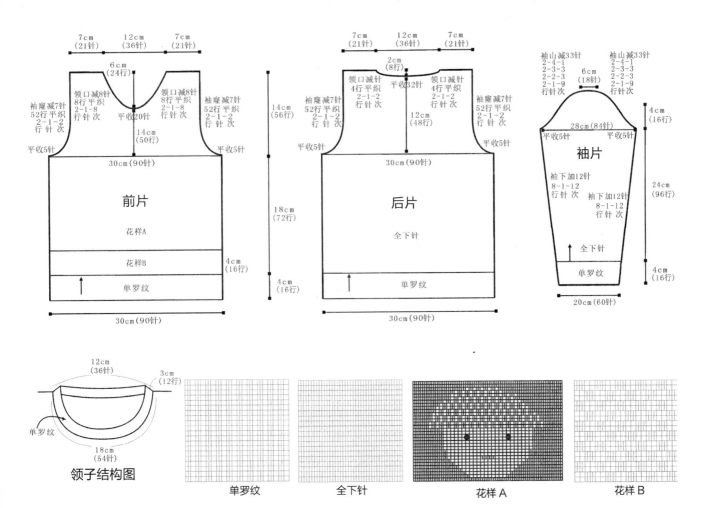

不规则衣摆毛衣

【成品尺寸】衣长 48cm　胸围 68cm　袖长 36cm

【工具】3.5mm 棒针　钩针　缝衣针

【材料】湖蓝色、白色羊毛绒线各若干　粉红色、黄色线各少许

【密度】10cm² : 20 针 ×32 行

【制作过程】

1. 前片：按图用下针起针法起 68 针，织 4cm 花样 A，改织全下针，侧缝不用加减针，并按图配色，织至 21cm 时，开始袖窿以上的编织，两边平收 5 针，然后袖窿减针，方法是：每 2 行减 1 针减 2 次，54 行平织。同时从袖窿算起，织 12cm 时，在中间平收 24 针，两边领窝减针，方法是：每 2 行减 1 针减 3 次，平织 10 行，至肩部余 12 针。

2. 后片：按图用下针起针法起 68 针，织 4cm 花样 A，两边留 5 针继续织 10 行花样，其余织全下针，侧缝不用加减针，并按图配色，织至 26cm 时，开始袖窿以上的编织，与前片袖窿减针方法一样。同时从袖窿算起，织 16cm 时，在中间平收 26 针，两边领窝减针，方法是：每 2 行减 1 针减 2 次，平织 2 行，至肩部余 12 针。

3. 袖片：按图用平针起针法起 40 针，织 4cm 花样 A 后，改织全下针，袖下按图加针，方法是：每 6 行加 1 针加 10 次，织至 24cm 按图示减针，收成袖山，两边平收 5 针，方法是：每 2 行减 1 针减 2 次，每 2 行减 2 针减 2 次，每 2 行减 3 针减 3 次，每 2 行减 4 减 1 次，顶部余 12 针。

4. 编织结束后，将前后片侧缝、肩部、袖片对应缝合。

5. 领边用钩针钩织花边，装饰蝴蝶结另织好，缝合于前片。编织完成。

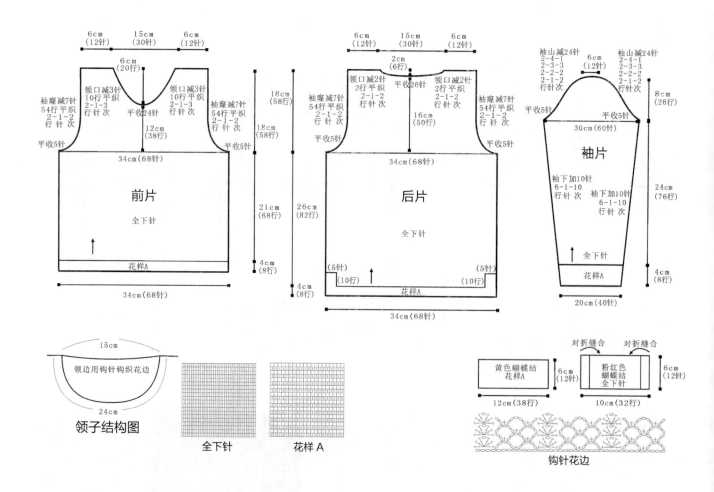

可爱条纹套装

【成品尺寸】 衣长 34cm　胸围 60cm　袖长 18cm　裙子长 24cm　裙腰 40cm　裙摆 98cm

【工具】 3.5mm 棒针　缝衣针

【材料】 煅染羊毛绒线若干

【密度】 10cm² ：22 针 ×30 行

【附件】 纽扣 1 枚

【制作过程】

1. 上衣是从领圈往下片织，用下针起针法起 100 针，织 6 行花样，作为领子，然后织单罗纹，两边留 6 针织花样的门襟，其余织至 16 行时，每织 2 针加 1 针，为 150 针，再织 16 行，每织 2 针加 1 针，为 224 针，开始分前后片和袖片。

2. 前片：分左右两片编织，分别分出 33 针，继续织至 16cm 全下针后，改织 2cm 花样，收针断线。

3. 后片：分出 66 针，继续织至 16cm 全下针后，改织 2cm 花样，收针断线。

4. 袖口：挑 46 针，织 2cm 花样。

5. 裙子是从裙腰织起，起 88 针，圈织 5cm 全下针，对折缝合，形成双层平针裙腰边，用于穿宽紧带，继续编织 10cm 单罗纹后，改织全下针，5cm 时，把 88 针分成 8 份，其中每隔 10 针留 1 针筋，在筋的两边加针，每 2 行加 2 针加 8 次，织至 12cm 时针数为 216 针，再织 2cm 花样后收针断线。编织完成。

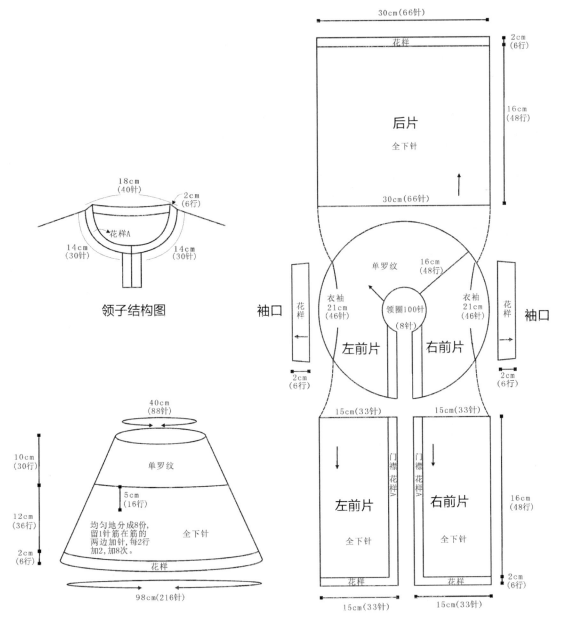

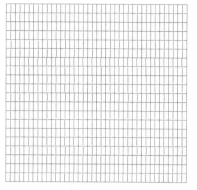

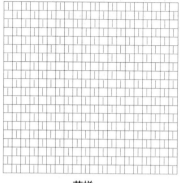

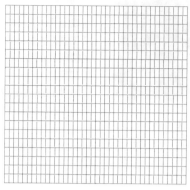

| 单罗纹 | 花样 | 全下针 |

粉色娃娃毛衣

【成品尺寸】 衣长 49cm　胸围 66cm　袖长 38cm
【工具】 3.5mm 棒针
【材料】 粉红色羊毛绒线若干
【密度】 10cm² ：26 针 ×34 行
【附件】 纽扣 2 枚　毛毛球 2 个　绳子 1 根

【制作过程】

1. 从领圈往下编织，按编织方向，用一般起针法起 116 针，先织 6 行花样 A，作为领子，然后继续织全下针，门襟各留 10 针，片织 6cm 花样 B 后，两门襟重叠后圈织，同时开始分前后片和袖片，每片之间各留 3 针的筋，并在 3 针筋两边每 2 行各加 2 针加 21 次，织至 15cm 时，针数为 284 针，分片编织时，在每片的两边直加 3 针至 308 针。

2. 后片：分出 86 针，继续织 12cm 全下针后，改织 20cm 花样 B，再改织 2cm 花样 A，侧缝不用加减针。

3. 前片：分出 86 针，织法与后片一样。

4. 袖片：分出 68 针，继续织 21cm 全下针，袖下减针，方法是：每 14 行减 1 针减 5 次，然后织 2cm 花样 A。

5. 将前片、后片和袖片对应缝合，缝上纽扣和毛毛球。编织完成。

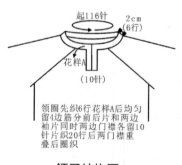

领子结构图

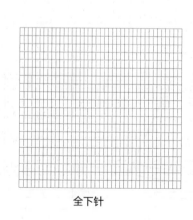

全下针

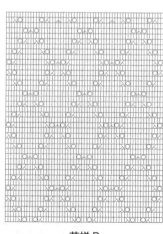

花样 B

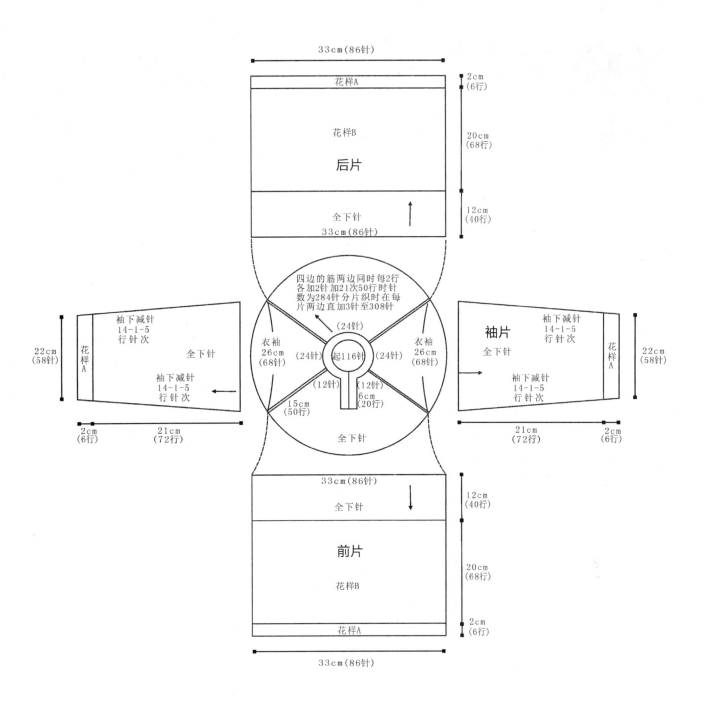

33cm(86针)

花样A

花样B

后片

2cm
(6行)

20cm
(68行)

全下针
33cm(86针)

12cm
(40行)

四边的筋两边同时每2行
各加2针加21次50行时针
数为284针分片织时在每
片两边直加3针至308针

(24针)

衣袖
26cm
(68针)

(24针) 起116针 (24针)

袖片

袖下减针
14-1-5
行针次

全下针

花样A

22cm
(58针)

花样A

袖下减针
14-1-5
行针次

全下针

衣袖
26cm
(68针)

(12针) (12针)

6cm
(20行)

袖下减针
14-1-5
行针次

15cm
(50行)

全下针

袖下减针
14-1-5
行针次

21cm
(72行)

22cm
(58针)

2cm
(6行)

21cm
(72行)

2cm
(6行)

2cm
(6行)

33cm(86针)

全下针

12cm
(40行)

前片

花样B

20cm
(68行)

花样A

2cm
(6行)

33cm(86针)

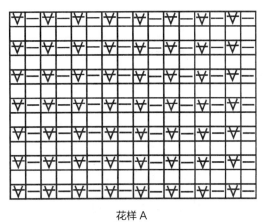

花样A

格子套头毛衣

【成品尺寸】 衣长 37cm　胸围 32cm　袖长 36cm

【工具】 3.5mm 棒针　绣花针

【材料】 白色、蓝色羊毛绒线各若干

【密度】 10cm² : 28 针 ×36 行

【附件】 纽扣 2 枚

【制作过程】

1. 前片：按图用蓝色线，机器边起针法起 90 针，织 4cm 单罗纹后，改织花样，并用白色线配色，织至 18cm 时左右两边平收 4 针后，进行袖窿减针，方法是：每 2 行减 2 针减 3 次，各减 6 针，不加不减织 48 行。同时织至袖窿算起 5cm 时，中间平收 10 针为门襟，然后分左右前片，继续编织至 5cm 时开始领窝减针，方法是：每 2 行减 2 针减 7 次，各减 14 针，至肩部余 16 针。

2. 后片：按图用蓝色线，机器边起针法起 90 针，织 4cm 单罗纹后，改织花样，并用白色线配色，织至 18cm 时左右两边平收 4 针进行袖窿减针，方法与前片袖窿一样，同时织至袖窿算起 13cm 时领窝减针，中间平收 34 针后两边减针，方法是：每 2 行减 1 针减 2 次，各减 2 针，至肩部余 16 针。

3. 袖片：按图用蓝色线，机器边起针法起 56 针，织 4cm 单罗纹后，改织花样，并用白色线配色，袖下按图加针，方法是：每 6 行加 1 针加 11 次，织至 22cm 时两边同时平收 4 针，开始袖山减针，每 2 行减 2 针减 10 次，每 2 行减 1 针减 8 次，共减 28 针，至顶部余 14 针。

4. 编织结束后，将前后片侧缝、肩部、袖片对应缝合。

5. 门襟两边用蓝色线，分别挑 16 针，织 8 行单罗纹，右边适当的开 2 个纽扣孔，门襟底部叠压缝合。

6. 领圈边用蓝色线，挑 130 针，织 7cm 单罗纹，形成翻领。

7. 缝上纽扣。编织完成。

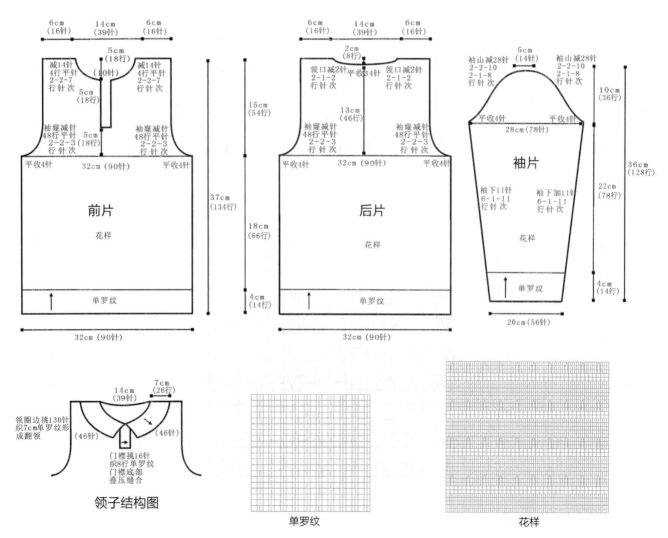

领子结构图

单罗纹

花样

宝宝的美衣
编织书

休闲舒适男生毛衣

【成品尺寸】 衣长 40cm　下摆宽 32cm　袖长 34cm
【工具】 3.5mm 棒针　绣花针
【材料】 森林绿色羊毛绒线若干　白色线少许
【密度】 10cm² ：30 针 × 42 行

【制作过程】

1. 前片：用下针起针法起 96 针，编织 4cm 双罗纹并用白色线配色，然后改织花样，侧缝不用加减针，织 17cm 至袖窿。袖窿以上：袖窿不用加减针。同时从袖窿算起织至 10cm 时，中间平收 22 针后，开始两边领窝减针，方法是：每 2 行减 2 针减 5 次，各减 10 针，不加不减织 8cm 至肩部余 27 针。

2. 后片：袖窿和袖窿以下编织方法与前片袖窿一样。同时织至袖窿算起 16cm 时，开后领窝，中间平收 36 针，两边减针，方法是：每 2 行减 1 针减 3 次，织至两边肩部余 27 针。

3. 袖片：用下针起针法，起 51 针，织 4cm 双罗纹，并用白色线配色，然后改织花样，袖下加针，方法是：每 4 行加 1 针加 28 次，织 30cm 至顶部余 108 针。

4. 缝合：将前片的侧缝与后片的侧缝对应缝合。前片的肩部与后片的肩部缝合，两边袖片的袖下缝合后，分别与衣片的袖边缝合。

5. 领子：领圈边挑 112 针，织 16 行双罗纹，并用白色线配色，形成圆领。编织完成。

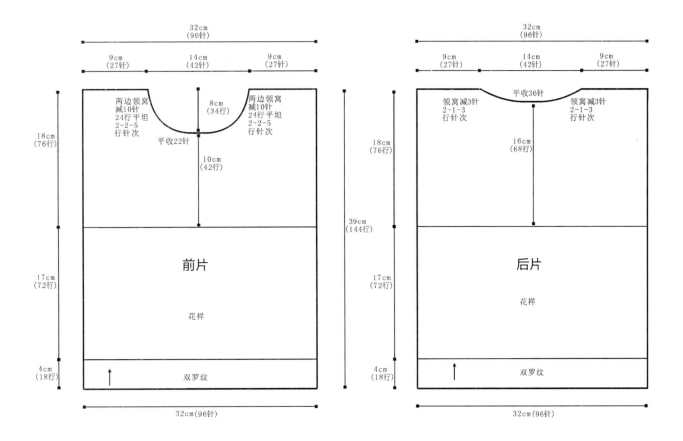

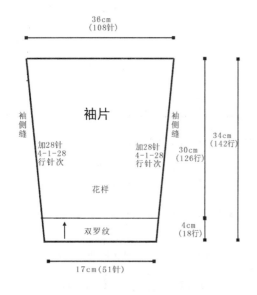

36cm
(108针)

袖片

袖侧缝

加28针
4-1-28
行针次

加28针
4-1-28
行针次

34cm
(142行)

30cm
(126行)

花样

双罗纹

4cm
(18行)

17cm(51针)

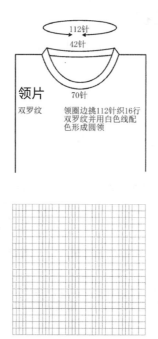

112针

42针

领片

双罗纹

70针

领圈边挑112针织16行
双罗纹并用白色线配
色形成圆领

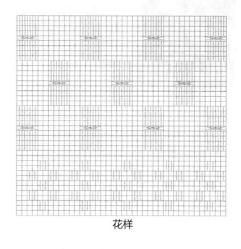

花样

双罗纹

卡通猫咪背心

【成品尺寸】 衣长 40cm　胸围 64cm

【工具】 3.5mm 棒针

【材料】 粉红色羊毛绒线线若干　黄色、绿色、蓝色、黑色、红色线各少许

【密度】 10cm² ：24 针 ×32 行

【制作过程】

1.前片：按图用下针起针法起 76 针，织 4cm 单罗纹后，改织全下针，侧缝不用加减针，织至 19cm 时，开始袖窿以上的编织，两边袖窿先平收 5 针，减针方法是：每 2 行减 1 针减 7 次，并编入花样图案，同时从袖窿算起，织 12cm 时，在中间平收 24 针，两边领窝减针，方法是：每 2 行减 1 针减 4 次，平织 8 行，至肩部余 10 针。

2.后片：袖窿和袖窿以下织法与前片一样，从袖窿算起，织 15cm 时，在中间平收 28 针，两边领窝减针，方法是：每 2 行减 1 针减 2 次，至肩部余 10 针。

3.编织结束后，将前后片侧缝、肩部对应缝合。

4.袖口：两边袖口各挑 96 针，织 3cm 单罗纹。

5.领边挑 108 针，圈织 3cm 单罗纹，形成圆领。编织完成。

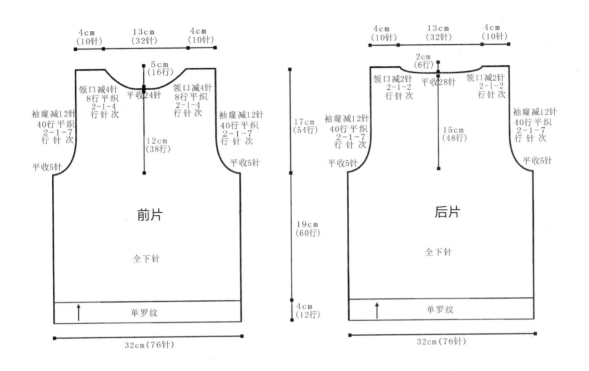

前片

4cm
(10针)　13cm
(32针)　4cm
(10针)

5cm
(16行)

领口减4针
8行平织
2-1-4
行针次　平收24针　领口减4针
8行平织
2-1-4
行针次

袖窿减12针
40行平织
2-1-7
行针次　　袖窿减12针
40行平织
2-1-7
行针次

平收5针　　平收5针

12cm
(38行)

全下针

单罗纹

32cm(76针)

后片

4cm
(10针)　13cm
(32针)　4cm
(10针)

2cm
(6行)

领口减2针
2-1-2
行针次　平收28针　领口减2针
2-1-2
行针次

袖窿减12针
40行平织
2-1-7
行针次　　袖窿减12针
40行平织
2-1-7
行针次

平收5针　　平收5针

15cm
(48行)

全下针

单罗纹

32cm(76针)

17cm
(54行)

19cm
(60行)

4cm
(12行)

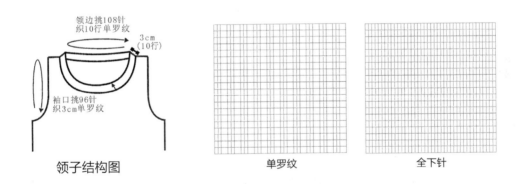

领边挑108针
织10行单罗纹

3cm
(10行)

袖口挑96针
织3cm单罗纹

领子结构图　　　　单罗纹　　　　全下针

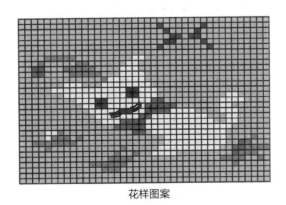

花样图案

繁复纹理毛衣

【成品尺寸】衣长 40cm 胸围 62cm 袖长 23cm
【工具】3.5mm 棒针
【材料】缎染羊毛绒线若干
【密度】10cm² ：24 针 ×32 行

【制作过程】
1. 从领圈往下编织，按编织方向，用一般起针法起 100 针，先织 6 行双罗纹，作为领子，然后继续织全下针，开始分前后片和袖片，每片之间各留 2 针径，并在 2 针径两边，每 2 行各加 2 针加 18 次，织至 15cm 时，针数为 244 针，分片编织时，在每片的两边直加 3 针至 268 针。
2. 后片：分出 74 针，继续织 22cm 全下针后，侧缝不用加减针，再改织 3cm 双罗纹。
3. 前片：分出 74 针，继续织 22cm 花样，侧缝不用加减针，再改织 3cm 双罗纹。
4. 袖片：分出 60 针，继续织 6cm 全下针，袖下减针，方法是：每 4 行减 1 针减 4 次，然后织 2cm 双罗纹。
5. 前片、后片和袖片对应缝合。编织完成。

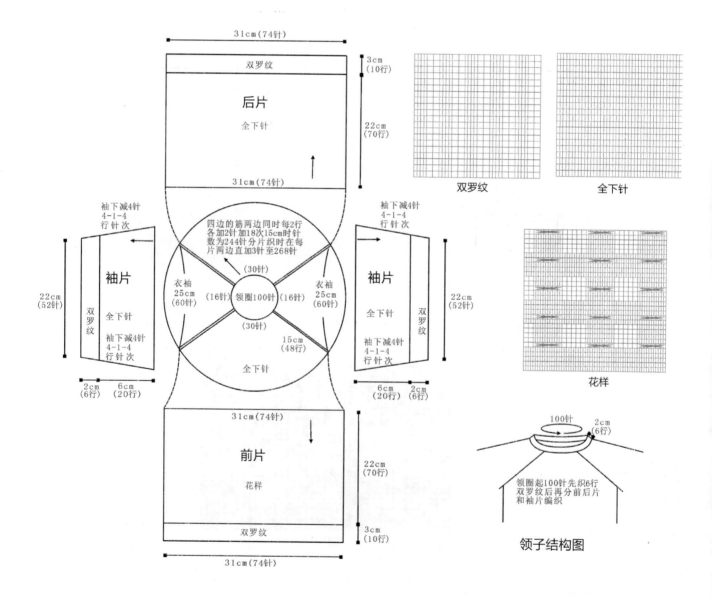

帅气菱形花纹小背心

【成品尺寸】衣长 31cm　胸围 56cm
【工具】3.5mm 棒针
【材料】白色羊毛绒线若干　蓝色线少许
【密度】10cm² : 24 针 ×32 行

【制作过程】
1. 前片：用白色线，下针起针法，起 68 针，织 3cm 双罗纹，并用蓝色线配色，然后改织花样，侧缝不用加减针，织 15cm 后进行袖窿以上的编织，两边各平收 5 针后，进行袖窿减针，方法是：每 2 行减 1 针减 5 次，平织 30 行。同时中间在袖窿算起织 6cm 时，平收 12 针后，进行领窝减针，方法是：每 2 行减 1 针减 10 次，织至肩部余 8 针。
2. 后片：袖窿以下和袖窿减针的织法与前片一样。领窝的织法：在袖窿算起 11cm 时，中间平收 26 针，进行领窝减针，方法是：每 2 行减 1 针减 3 次，至肩部余 8 针。
3. 编织结束后，将前后片侧缝、肩部对应缝合。
4. 领圈挑 98 针，织 3cm 单罗纹，并用蓝色线配色，形成圆领。两袖口分别挑 80 针，织 3cm 单罗纹，并用蓝色线配色。编织完成。

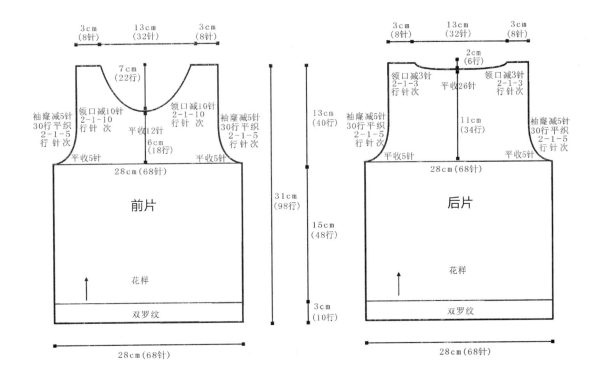

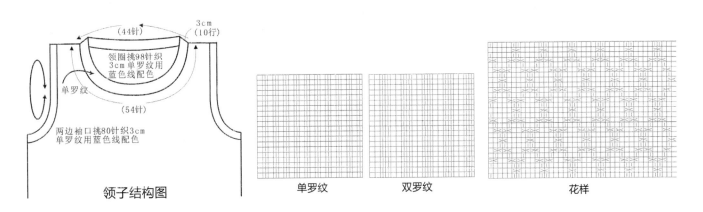

领子结构图　　单罗纹　　双罗纹　　花样

运动款连帽外套

【成品尺寸】衣长 37cm　胸围 72cm　袖长 38cm

【工具】3.5mm 棒针

【材料】绿色、黄色羊毛绒线各若干　白色羊毛绒线少许

【密度】10cm² ：24 针 ×38 行

【附件】拉链 1 条

【制作过程】

1. 前片：分左右 2 片编织，左前片用白色线起 43 针，用白色和绿色线间隔织 4cm 双罗纹后，用绿色线织花样，织至 7cm 时，袋口在侧缝处平收 16 针，并减针：每 2 行减 2 针减 7 次，余 13 针不减待用，形成袋口，内衣袋用白色线另起 30 针，织 14cm 全下针，与待用的 13 针合并继续编织，右前片织至 5cm 后，左右两边收 4 针，开始减针成插肩袖，方法是：每 2 行减 1 针减 25 次，同时从插肩袖窿算起，织 7cm 处，平收 5 针开领窝，方法是：每 2 行减 1 针减 9 次，并编花样图案。

2. 后片：用白色线起 86 针，织 4cm 双罗纹后，改织全下针，并用绿色和黄色线配色，织至 19cm 后，左右两边平收 4 针，开始减针成插肩袖，方法是：每 2 行减 1 针减 25 次。领窝的减针：从插肩袖窿算起 12cm 处，在中间平收 22 针开领窝，方法是：两边每 2 行减 1 针减 4 次。

3. 袖片：先用绿色线起 48 针，先织 4cm 双罗纹后，改织全下针，并配色，袖下按图加针，方法是：每 6 行加 1 针加 10 次，织至 20cm 时，两边平收 4 针，收成插肩袖山，方法是：每 2 行减 1 针减 20 次，肩部余 20 针。

4. 编织结束后，将前后片侧缝、袖子对应缝合。编织完成。

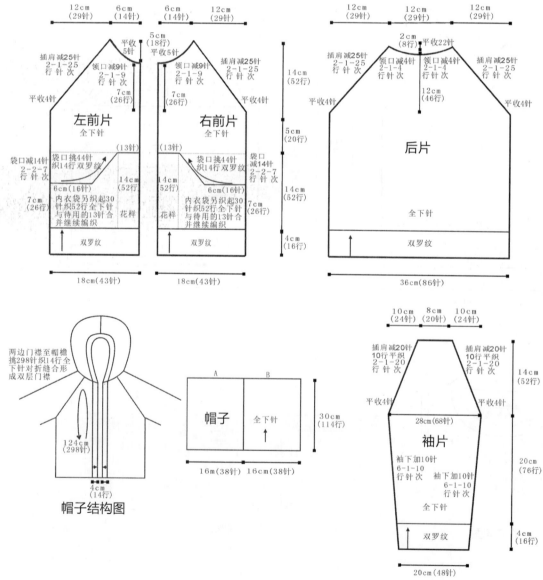

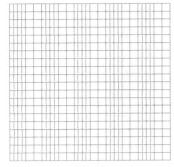

双罗纹

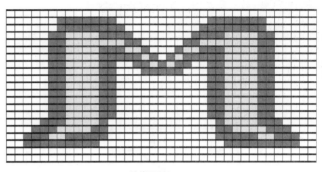

花样图案

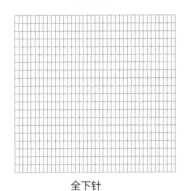

全下针

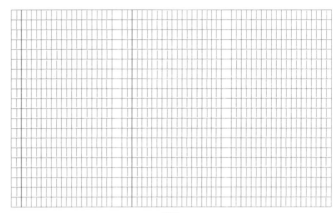

花样

清新花朵系带背心

【成品尺寸】衣长 40cm　胸围 66cm
【工具】3.5mm 棒针
【材料】紫色、白色羊毛绒线各若干
【密度】10cm² ： 28 针 ×40 行
【附件】钩编绳子 1 根

【制作过程】

1. 前片：按图用紫色线，下针起针法起 92 针，织 2cm 花样后，改织全下针，侧缝不用加减针，织至 23cm 时，开始袖窿以上的编织，袖窿减针，方法是：每 2 行减 2 针减 4 次，改用白色线平织 52 行，并编入花样图案，同时从袖窿算起，织 11cm 时，在中间平收 22 针，两边领窝减针，方法是：每 2 行减 2 针减 7 次，平织 2 行，至肩部余 12 针。

2. 后片：袖窿和袖窿以下织法与前片一样，从袖窿算起，织 13cm 时，在中间平收 34 针，两边领窝减针，方法是：每 2 行减 2 针减 4 次，至肩部余 12 针。

3. 编织结束后，将前后片侧缝、肩部对应缝合。

4. 袖口：两边袖口各挑 80 针，织 2cm 花样。

5. 领边挑 120 针，圈织 8 行花样，形成圆领。

6. 系上钩花绳子。编织完成。

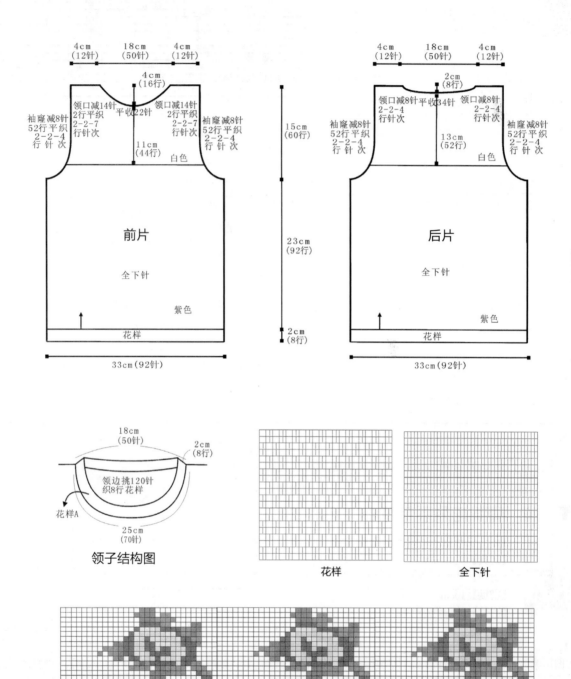

4cm
(12针)
18cm
(50针)
4cm
(12针)

4cm
(16行)

领口减14针
2行平织
2-2-7
行针次

平收22针

领口减14针
2行平织
2-2-7
行针次

袖窿减8针
52行平织
2-2-4
行针次

袖窿减8针
52行平织
2-2-4
行针次

11cm
(44行)

白色

前片

全下针

紫色

花样

33cm(92针)

15cm
(60行)

23cm
(92行)

2cm
(8行)

4cm
(12针)
18cm
(50针)
4cm
(12针)

2cm
(8行)

领口减8针平收34针
2-2-4
行针次

领口减8针
2-2-4
行针次

袖窿减8针
52行平织
2-2-4
行针次

袖窿减8针
52行平织
2-2-4
行针次

13cm
(52行)

白色

后片

全下针

紫色

花样

33cm(92针)

18cm
(50针)

2cm
(8行)

领边挑120针
织8行花样

花样A

25cm
(70针)

领子结构图

花样

全下针

花样图案

兔子休闲背心

【成品尺寸】 衣长 42cm 胸围 64cm

【工具】 3.5mm 棒针

【材料】 蓝色羊毛绒线若干 橙色、黄色、白色、红色、黑色、绿色羊毛绒线各少许

【密度】 10cm² ：30 针 ×36 行

【制作过程】

1. 前片：按图用橙色线，下针起针法起 96 针，织 1cm 改用蓝色线织 4cm 单罗纹后，改织全下针，并编入花样图案，侧缝不用加减针，织至 22cm 时，开始袖窿以上的编织，袖窿减针，方法是：每 2 行减 2 针减 10 次，平织 34 行，同时从袖窿算起，织 8cm 时，在中间平收 14 针，两边领窝减针，方法是：每 2 行减 2 针减 5 次，平织 14 行，至肩部余 10 针。

2. 后片：袖窿和袖窿以下织法与前片一样，从袖窿算起，织 10cm 时，在中间平收 14 针，两边领窝减针，方法是：每 2 行减 2 针减 5 次，平织 8 行，至肩部余 10 针。

3. 编织结束后，将前后片侧缝、肩部对应缝合。

4. 袖口：两边袖口各挑 108 针，织 3cm 单罗纹，其中 2 行蓝色线、4 行白色线、4 行橙色线。

5. 领边挑 140 针，圈织 3cm 单罗纹，其中配色与袖口一样，形成圆领。编织完成。

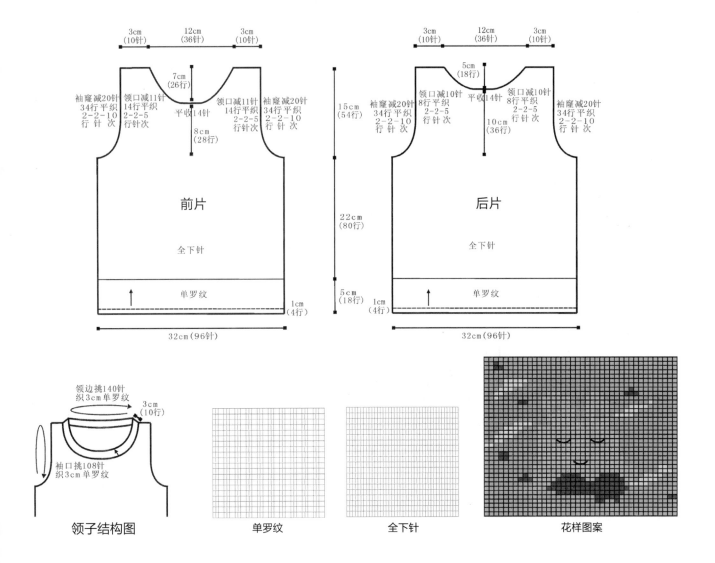

领子结构图　　　单罗纹　　　全下针　　　花样图案

动物系扣马甲

【成品尺寸】 衣长 32cm　胸围 54cm
【工具】 3.5mm 棒针　缝衣针
【材料】 蓝色、白色羊毛绒线各若干　黄色线少许
【密度】 10cm² ：26 针 ×34 行
【附件】 纽扣 5 枚

【制作过程】

1.前片：分左右 2 片编织，左前片用黄色线，机器边起针法起 36 针，织 3cm 单罗纹后，改织花样图案，并按图解配色和编入图案，侧缝不用加减针，织 11cm 后改用蓝色线，再织 5cm 时，左边开始减针收成袖窿，方法是：每 2 行减 4 针减 4 次，平织 36 行，同时从袖窿算起织 8cm 后领窝减针，方法是：每 2 行减 4 针减 3 次，平织 12 行，至肩部余 8 针。用同样方法反方向编织右前片。

2.后片：用黄色线机器边起针法，起 70 针，织 3cm 单罗纹后，改织花样图案，并按图配色和编入图案，织至 16cm 时左右两边开始按图收成袖窿，袖窿留 6 针织花样图案，只在内边减针，领窝不用减针，直到编织完成。

3. 编织结束后，将前后片侧缝、肩部对应缝合。

4. 领边挑 74 针，织 10 行单罗纹，再改用黄色线织 2 行。

5. 两边门襟另起 10 针，织 27cm 单罗纹，其中一边均匀地开纽扣孔，与两边前片缝合。

6. 两边袖口挑 80 针，织 10 行单罗纹，再用黄色线织 2 行。

7. 用缝衣针缝上纽扣。编织完成。

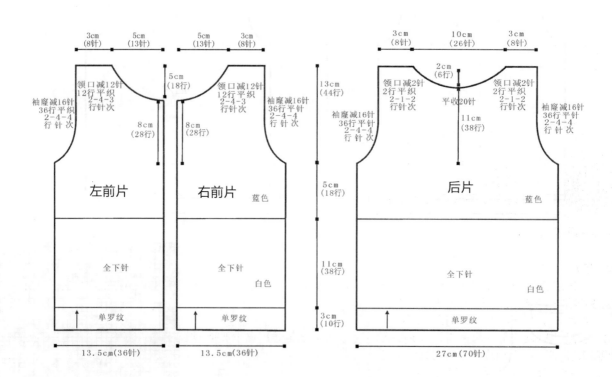

宝宝的美衣
编织书

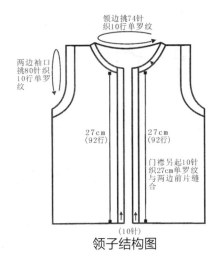

领边挑74针
织10行单罗纹

两边袖口
挑80针织
10行单罗
纹

27cm
(92行)

27cm
(92行)

门襟另起10针
织27cm单罗纹
与两边前片缝
合

(10针)

领子结构图

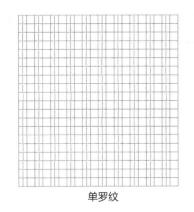

单罗纹

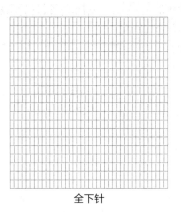

全下针

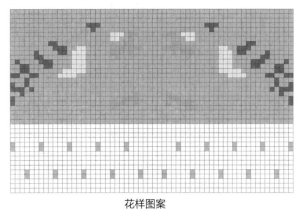

花样图案

复古纹理圆领毛衣

【成品尺寸】衣长 42cm　胸围 84cm　袖长 36cm
【工具】3.5mm 棒针
【材料】蓝色羊毛绒线若干
【密度】10cm² ： 22 针 ×32 行

【制作过程】

1. 前片：按图用机器边起针法起 84 针，织 3cm 单罗纹后，改织花样，侧缝不用加减针，织至 24cm 时左右两边平收 5 针，并开始按图收成袖窿，再织 9cm 开领窝直到编织完成。

2. 后片：织法与前片一样，只是需按图开领窝。

3. 袖片：按图用机器边起针法起 55 针，织 3cm 单罗纹后，改织花样，袖下按图加针，织至 24cm 时按图示均匀减针，收成袖山。

4. 编织结束后，将前后片侧缝、肩部、袖片对应缝合。

5. 领圈挑 108 针，织 3cm 单罗纹，形成圆领。编织完成。

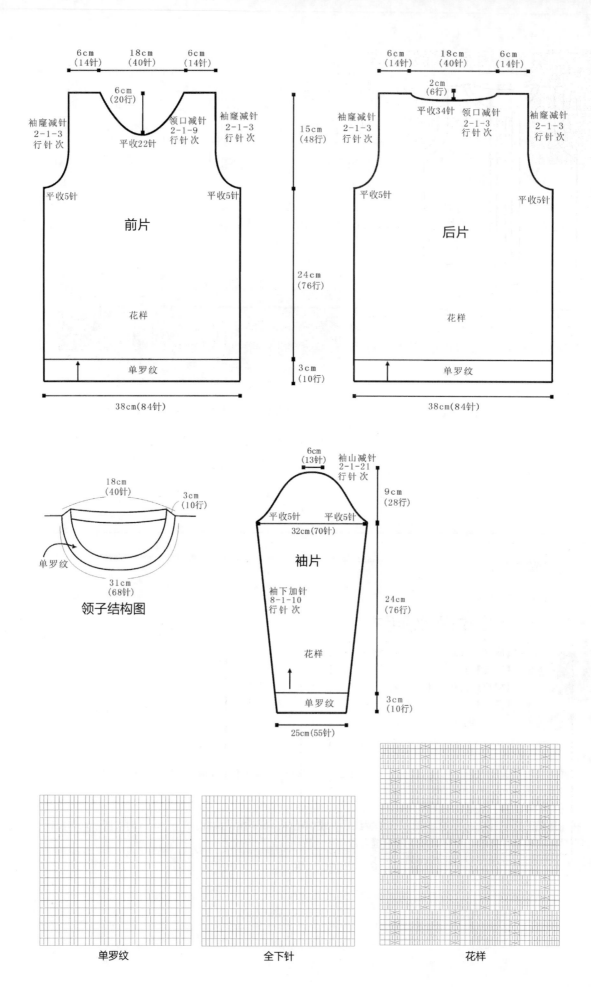

6cm
(14针)
18cm
(40针)
6cm
(14针)

6cm
(20行)

袖窿减针
2-1-3
行针次

领口减针
2-1-9
行针次

袖窿减针
2-1-3
行针次

平收22针

平收5针

平收5针

前片

15cm
(48行)

花样

24cm
(76行)

单罗纹

3cm
(10行)

38cm(84针)

6cm
(14针)
18cm
(40针)
6cm
(14针)

2cm
(6行)

平收34针

袖窿减针
2-1-3
行针次

领口减针
2-1-3
行针次

袖窿减针
2-1-3
行针次

平收5针

平收5针

后片

花样

单罗纹

38cm(84针)

18cm
(40针)

3cm
(10行)

单罗纹

31cm
(68针)

领子结构图

6cm
(13针)

袖山减针
2-1-21
行针次

9cm
(28行)

平收5针　平收5针

32cm(70针)

袖片

袖下加针
8-1-10
行针次

24cm
(76行)

花样

单罗纹

3cm
(10行)

25cm(55针)

单罗纹

全下针

花样

宝宝的美衣
编织书

休闲条纹翻领毛衣

【成品尺寸】 衣长 33cm　下摆宽 30cm　袖长 34cm
【工具】 3.5mm 棒针　绣花针
【材料】 白色、蓝色羊毛绒线各若干
【密度】 10cm² ：28 针 ×38 行
【附件】 纽扣 1 枚

【制作过程】

1. 前片：用下针起针法起 84 针，编织 4cm 单罗纹后，改织花样，并配色，侧缝不用加减针，织 17cm 至袖窿。袖窿以上：两边袖窿减针，方法是：每 2 行减 1 针减 9 次，各减 9 针，余下针数不加不减织 12cm 至肩部。同时在中间平收 8 针，开始开纽扣门襟，然后分两片编织，织至 4cm，两边领窝减针，方法是：每 2 行减 1 针减 15 次，各减 15 针，至肩部余 14 针。

2. 后片：袖窿和袖窿以下编织方法与前片袖窿一样。同时织至袖窿算起 10cm 时，开后领窝，中间平收 32 针，两边领窝减针，方法是：每 2 行减 1 针减 3 次，织至两边肩部余 14 针。

3. 袖片：用下针起针法，起 56 针，织 4cm 单罗纹后，改织花样，并配色，袖下加针，方法是：每 12 行加 1 针加 6 次，织至 21cm 时开始袖山减针，方法是：每 2 行减 2 针减 12 次。至顶部余 20 针。

4. 缝合：将前片的侧缝与后片的侧缝对应缝合。前片的肩部与后片的肩部缝合，两边袖片的袖下缝合后，分别与衣片的袖边缝合。

5. 领片：领圈边至两边门襟，挑 152 针，织 8 行单罗纹后，在门襟以上的翻领加针，方法是：每 2 行加 1 针加 30 次，织 34 行。编织完成。

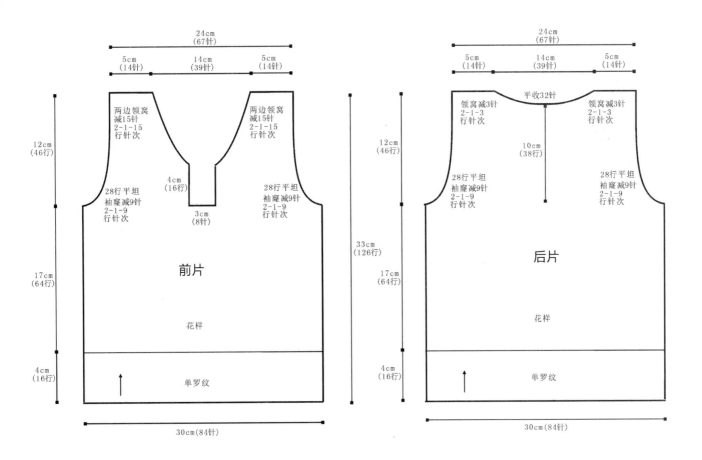

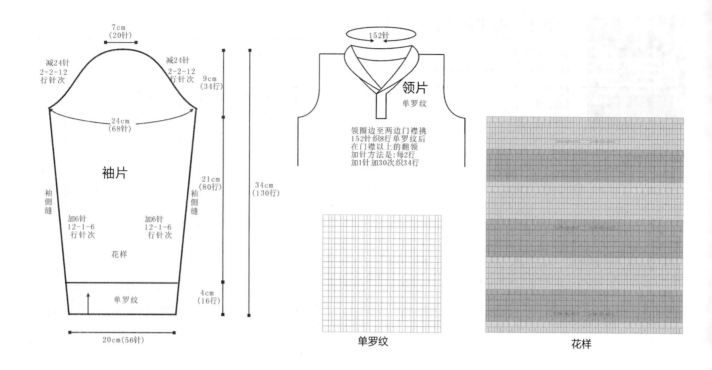

深色男生套头毛衣

【成品尺寸】 衣长 40cm　下摆宽 32cm　袖长 34cm
【工具】 3.5mm 棒针　绣花针
【材料】 森林绿色羊毛绒线若干
【密度】 $10cm^2$：30 针 ×42 行
【附件】 纽扣 3 枚

【制作过程】

1. 前片：用下针起针法起 96 针，编织 4cm 双罗纹后，改织花样，侧缝不用加减针，织 17cm 至袖窿。袖窿以上：袖窿不用加减针。同时从袖窿算起织至 4cm 时，中间平收 10 针，分两片织 6cm 后，开始两边领窝减针，方法是：每 2 行减 2 针减 8 次，各减 16 针，不加不减织 4cm 至肩部余 27 针。

2. 后片：袖窿和袖窿以下编织方法与前片袖窿一样。同时织至袖窿算起 16cm 时，开后领窝，中间平收 36 针，两边减针，方法是：每 2 行减 1 针减 3 次，织至两边肩部余 27 针。

3. 袖片：用下针起针法，起 52 针，织 4cm 双罗纹后，改织花样，袖下加针，方法是：每 4 行加 1 针加 28 次，织 30cm 至顶部余 108 针。

4. 缝合：将前片的侧缝与后片的侧缝对应缝合。前片的肩部与后片的肩部缝合，两边袖片的袖下缝合后，分别与衣片的袖边缝合。

5. 两边门襟横向挑针，各挑 24 针，织 14 行双罗纹，右边门襟开 2 个纽扣孔，门襟底部叠压缝合。

6. 领子：领圈边挑 112 针，织 14 行双罗纹，形成开襟圆领。

7. 缝上纽扣。编织完成。

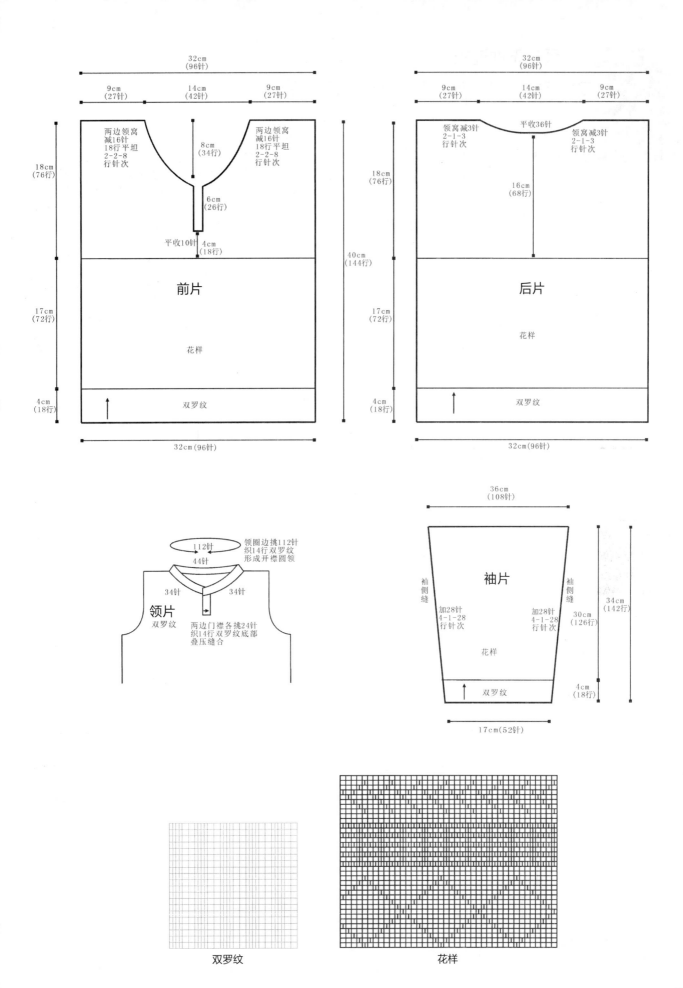

32cm
(96针)

9cm
(27针)　14cm
(42针)　9cm
(27针)

两边领窝
减16针
18行平坦
2-2-8
行针次

8cm
(34行)

两边领窝
减16针
18行平坦
2-2-8
行针次

18cm
(76针)

6cm
(26行)

平收10针　4cm
(18行)

前片

17cm
(72行)

花样

40cm
(144行)

4cm
(18行)

双罗纹

32cm(96针)

32cm
(96针)

9cm
(27针)　14cm
(42针)　9cm
(27针)

领窝减3针
2-1-3
行针次

平收36针

领窝减3针
2-1-3
行针次

18cm
(76针)

16cm
(68行)

后片

17cm
(72行)

花样

4cm
(18行)

双罗纹

32cm(96针)

112针

44针

领圈边挑112针
织14行双罗纹
形成开襟圆领

34针　34针

领片
双罗纹

两边门襟各挑24针
织14行双罗纹底部
叠压缝合

36cm
(108针)

袖片

袖
侧
缝

加28针
4-1-28
行针次

加28针
4-1-28
行针次

袖
侧
缝

34cm
(142行)

30cm
(126行)

花样

4cm
(18行)

双罗纹

17cm(52针)

双罗纹

花样

系带无袖连衣裙

【成品尺寸】衣长 48cm　胸围 46cm

【工具】3.5mm 棒针　钩针

【材料】灰色羊毛绒线若干

【密度】10cm² ：30 针 ×36 行

【附件】装饰小花若干　绳子 1 根

【制作过程】

1. 前片：按图用下针起针法起 105 针，织 24cm 花样 B 后，分散减针，每隔 2 针减 1 针，减掉 36 针，继续织 5cm 双罗纹，两边袖窿按图减针，方法是：每 2 行减 2 针减 3 次，同时从袖窿算起，织 6cm，中间平收 18 针后，领窝减针，方法是：每 2 行减 2 针减 4 次，至肩部余 12 针。

2. 后片：袖窿和袖窿以下织法与前片一样，从袖窿算起，织 13cm 后，领窝减针，方法是：每 2 行减 1 针减 3 次，至肩部余 12 针。

3. 编织结束后，将前后片侧缝、肩部对应缝合。

4. 领圈边用钩针，钩织 1cm 花样 C，形成圆领。两边袖口用钩针钩织 1cm 花样 C。

5. 下摆花边用钩针钩织。

6. 缝上小花装饰，系上带子。编织完成。

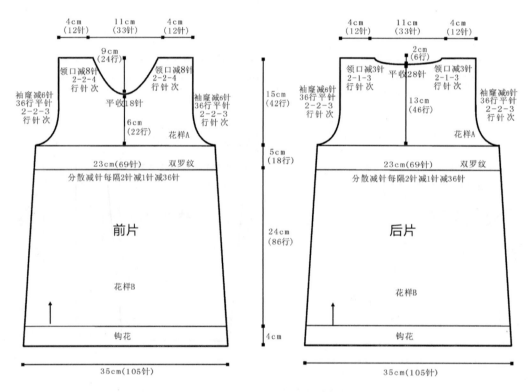

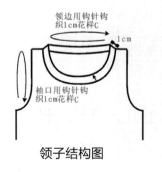

领子结构图

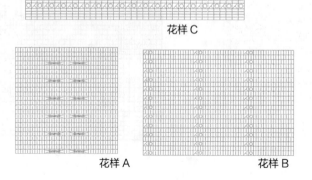

钩花

花样 C

花样 A　　　花样 B

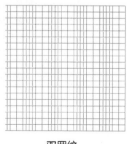

双罗纹

宝宝的美衣 编织书

个性蝙蝠开衫

【成品尺寸】 衣长 40cm　衣宽 70cm

【工具】 3.5mm 棒针

【材料】 绿色羊毛绒线若干

【密度】 $10cm^2$：22 针 ×28 行

【制作过程】

1. 分左右 2 片环形部分组成，是横向编织，先织左片：下针起针法起 48 针，用退引针法织花样 A，方法是：48 针分 3 部分编织，第 1 部分 16 针，第 2 部分 20 针，第 3 部分 12 针，第 1 部分织 1 行，第 2 部分织 2 行，第 3 部分织 4 行，以此类推，循环编织至 80cm，收针断线，环形部分完成。用同样方法编织右片。

2. 中间连接片：起 16 针，织 17cm 花样 B。

3. 左片的 A 与 B 缝合，右片的 C 与 D 缝合，然后在中间与中间连接片缝合。

4. 沿着中间连接片的两端至左右片的边缘挑 278 针织 5cm 花样 C，成为门襟。

5. 两边袖口挑 52 针，圈织 5cm 花样 C。

6. 后面的装饰片另织，与衣服缝合。编织完成。

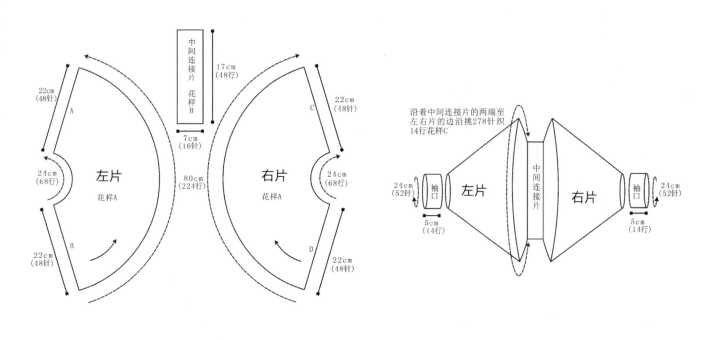

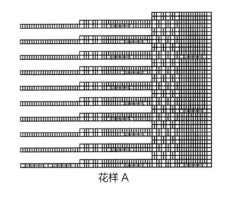
花样 A

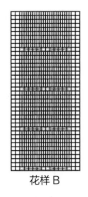
花样 B

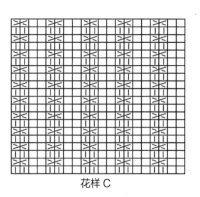
花样 C

森林风连帽衫

【成品尺寸】衣长 48cm　胸围 80cm　袖长 42cm
【工具】3.5mm 棒针　绣花针
【材料】绿色羊毛绒线若干
【密度】10cm² ： 20 针 ×28 行
【附件】纽扣 5 枚

【制作过程】

1. 前片：分左右 2 片编织，左前片用机器边起针法起 40 针，织 8cm 单罗纹后，改织花样 A，织至 25cm 时左右两边平收 5 针，开始按图收成袖窿，再织 9cm 开领窝至织完成。用同样方法对应织右前片。

2. 后片：用机器边起针法起 80 针，织 8cm 单罗纹后，改织花样 A，织至 25cm 时左右两边平收 5 针，开始按图收成袖窿，再织 13cm 开领窝至完成。

3. 袖片：用机器边起针法起 48 针，织 8cm 单罗纹后，改织花样 B，袖下按图加针，织至 25cm 时两边各平收 5 针，按图示均匀减针，收成袖山。

4. 编织结束后，将前后片侧缝、肩部、袖片对应缝合，门襟至帽缘挑 244 针，织 5cm 单罗纹。

5. 帽子的两边装饰片另织好，相应缝合。

6. 装饰：用绣花针缝上纽扣。编织完成。

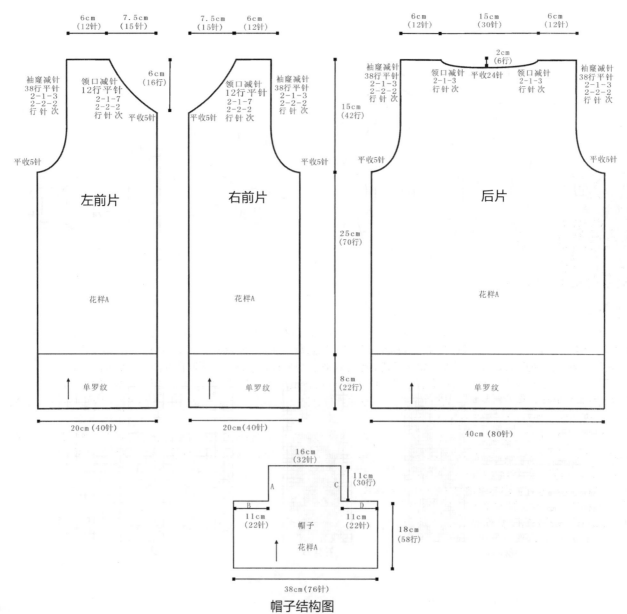

帽子结构图

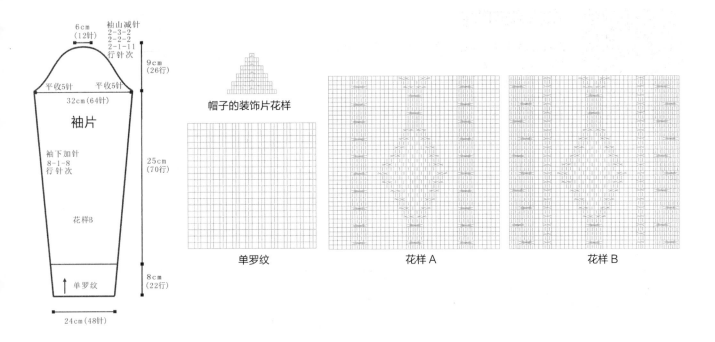

6cm
(12针)

袖山减针
2-3-2
2-2-2
2-1-11
行针次

9cm
(26行)

平收5针　　平收5针
32cm(64针)

袖片

袖下加针
8-1-8
行针次

25cm
(70行)

花样B

↑ 单罗纹

8cm
(22行)

24cm(48针)

帽子的装饰片花样

单罗纹　　　　　　花样 A　　　　　　花样 B

笑脸纽扣外套

【**成品尺寸**】衣长 39cm　胸围 64cm　袖长 35cm

【**工具**】3.5mm 棒针　缝衣针

【**材料**】蓝色羊毛绒线若干　黄色线少许

【**密度**】10cm² ：30 针 ×38 行

【**附件**】纽扣 5 枚

【**制作过程**】

1. 前片：分左右 2 片编织，左前片：用下针起针法起 48 针，先织 4cm 花样 B 后，改织花样 A，侧缝不用加减针，织至 18cm 时，开始袖窿以上编织。袖窿平收 4 针，开始按图进行袖窿减针，方法是：每 2 行减 2 针减 6 次，平织 52 行至肩部。同时在袖窿算起，织至 10cm 时平收 4 针后领窝减针，方法是：每 2 行减 1 针减 14 次，织至肩部余 15 针。用同样方法对应编织右前片。

2. 后片：用下针起针法起 96 针，先织 4cm 花样 B 后，改织花样 A，侧缝不用加减针，织至 18cm 时，开始袖窿以上编织，左右两边各平收 4 针，开始按图收成袖窿，减针方法与前片袖窿一样。同时在袖窿算起织 15cm 时，中间平收 30 针开始领窝减针，方法是：每 2 行减 1 针减 3 次，织至肩部余 15 针。

3. 袖片：用下针起针法起 48 针，先织 4cm 花样 B 后，改织花样 C，袖下两边按图加针，加针方法是：每 8 行加 1 针加 10 次，织至 21cm 时两边各平收 4 针，按图示均匀减针，收成袖山，减针方法是：每 2 行减 1 针减 18 次，织至顶部余 33 针。

4. 编织结束后，将前后片侧缝、肩部、袖片对应缝合。

5. 门襟：两边门襟挑 96 针，织 3cm 花样 B，右前片均匀地开纽扣孔。

6. 领子：领圈边挑 144 针，织 14 行花样 B，形成开襟圆领。

7. 装饰：用缝衣针缝上纽扣。编织完成。

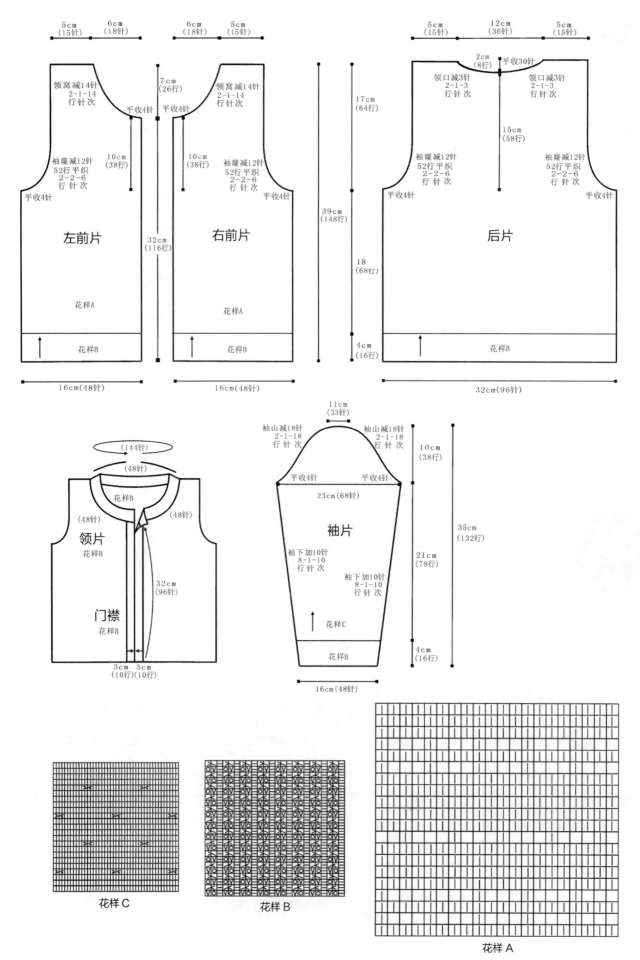

5cm
(15针)
6cm
(18针)
6cm
(18针)
5cm
(15针)

领窝减14针
2-1-14
行针次
7cm
(26行)
平收4针
平收4针
领窝减14针
2-1-14
行针次

10cm
(38行)
10cm
(38行)

袖窿减12针
52行平织
2-2-6
行针次
袖窿减12针
52行平织
2-2-6
行针次

平收4针
左前片
右前片
平收4针

39cm
(148行)

32cm
(116行)

花样A
花样A

花样B
花样B

16cm(48针)
16cm(48针)

5cm
(15针)
12cm
(36针)
5cm
(15针)

2cm
(8行)
平收30针

领口减3针
2-1-3
行针次
领口减3针
2-1-3
行针次

17cm
(64行)

15cm
(58行)

袖窿减12针
52行平织
2-2-6
行针次
袖窿减12针
52行平织
2-2-6
行针次

平收4针
后片
平收4针

18
(68行)

花样B

4cm
(16行)

32cm(96针)

(144针)

(48针)

花样B

(48针)
领片
(48针)

花样B

门襟
花样B

32cm
(96针)

3cm 3cm
(10行)(10行)

11cm
(33针)

袖山减18针
2-1-18
行针次
袖山减18针
2-1-18
行针次

10cm
(38行)

平收4针
平收4针

23cm(68针)

袖片

袖下加10针
8-1-10
行针次
袖下加10针
8-1-10
行针次

35cm
(132行)

21cm
(78行)

花样C

花样B

4cm
(16行)

16cm(48针)

花样C
花样B
花样A

宝宝的美衣
编织书

纯白简约外套

【成品尺寸】衣长 39cm 胸围 64cm 袖长 35cm

【工具】3.5mm 棒针 缝衣针

【材料】白色羊毛绒线若干

【密度】10cm^2：30 针 ×38 行

【附件】纽扣 7 枚

【制作过程】

1. 前片：分左右 2 片编织，左前片：用下针起针法起 48 针，先织 4cm 单罗纹后，改织花样，侧缝不用加减针，织至 18cm 时，开始袖窿以上编织。开始按图进行袖窿减针，方法是：每 2 行减 2 针减 6 次，平织 52 行至肩部。同时进行领窝减针，方法是：每 2 行减 1 针减 14 次，织至肩部余 18 针。用同样方法对应编织右前片。

2. 后片：用下针起针法起 96 针，先织 4cm 单罗纹后，改织花样，侧缝不用加减针，织至 18cm 时，开始袖窿以上编织，左右两边开始按图收成袖窿，减针方法与前片袖窿一样。同时在袖窿算起织 15cm 时，中间平收 30 针开始领窝减针，方法是：每 2 行减 1 针减 3 次，织至肩部余 18 针。

3. 袖片：用下针起针法起 48 针，先织 4cm 单罗纹后，改织花样，袖下两边按图加针，加针方法是：每 8 行加 1 针加 10 次，织至 21cm 时两边各平收 4 针，按图示均匀减针，收成袖山，减针方法是：每 2 行减 1 针减 18 次，织至顶部余 33 针。

4. 编织结束后，将前后片侧缝、肩部、袖片对应缝合。

5. 两边门襟至领窝另织，起 8 针织 342 行单罗纹，右边门襟均匀开纽扣孔，然后缝合。

6. 装饰：用缝衣针缝上纽扣。编织完成。

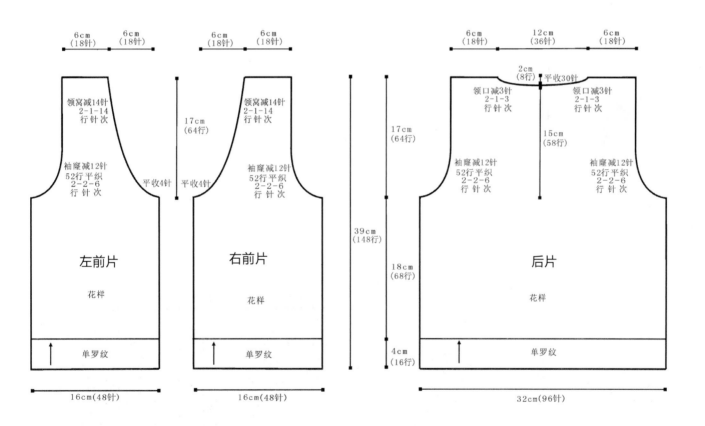

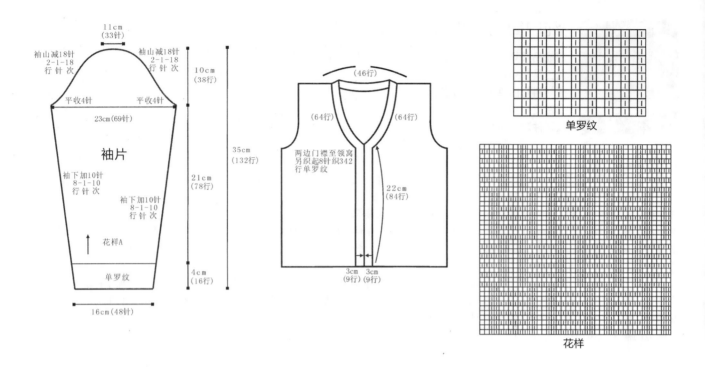

11cm
(33针)

袖山减18针
2-1-18
行 针 次

袖山减18针
2-1-18
行 针 次

10cm
(38行)

平收4针   平收4针

23cm(69针)

袖片

35cm
(132行)

袖下加10针
8-1-10
行 针 次

袖下加10针
8-1-10
行 针 次

21cm
(78行)

花样A

单罗纹

4cm
(16行)

16cm(48针)

(46行)

(64行)   (64行)

两边门襟至领窝
另织起8针织342
行单罗纹

22cm
(84行)

3cm 3cm
(9行)(9行)

单罗纹

花样

背靠背图案毛衣

【成品尺寸】衣长38cm 胸围64cm 袖长34cm

【工具】3.5mm 棒针

【材料】湖蓝色、白色、黑色羊毛绒线各若干 浅绿色、灰色线各少许

【密度】$10cm^2$：25针×34行

【制作过程】

1. 从领圈往下编织，按编织方向，用湖蓝色羊毛绒线一般起针法起124针，先织14行双罗纹，作为领子，然后继续织全下针，并用灰色和白色线配色，开始分前后片和袖片，每片之间各留2针的筋，并在2针筋两边每2行各加2针加16次，织至13cm时，针数为252针，分片编织时，在每片的两边直加3针至276针。

2. 后片：分出80针，继续织20cm全下针后，侧缝不用加减针，并配色，再改织5cm双罗纹。

3. 前片：分出80针，织法与后片一样，并用浅绿色和黑色线编入花样图案。

4. 袖片：分出58针，继续织18cm全下针，袖下减针，方法是：每6行减1针减10次，然后织4cm双罗纹。

5. 前片、后片和袖片对应缝合。编织完成。

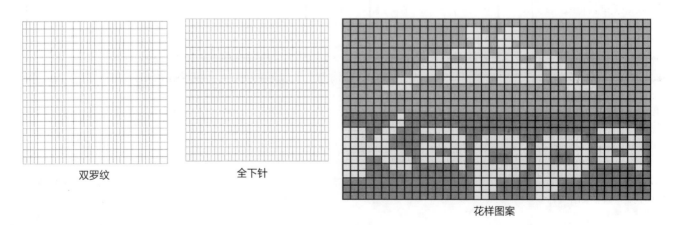

双罗纹   全下针

花样图案

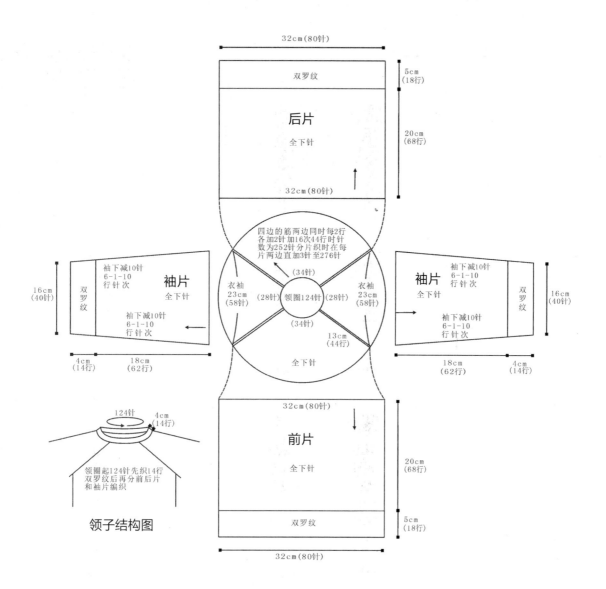

32cm(80针)

双罗纹

后片

全下针

5cm(18行)

20cm(68行)

32cm(80针)

四边的筋两边同时每2行各加2针加16次44行时针数为252针分片织时在每片两边直加3针至276针

袖片

袖下减10针
6-1-10
行针次

全下针

袖下减10针
6-1-10
行针次

双罗纹

16cm(40针)

4cm(14行)　18cm(62行)

衣袖
23cm(58针)

(34针)

(28针) 领圈124针 (28针)

(34针)

13cm(44行)

全下针

衣袖
23cm(58针)

袖片

袖下减10针
6-1-10
行针次

全下针

袖下减10针
6-1-10
行针次

双罗纹

16cm(40针)

18cm(62行)　4cm(14行)

32cm(80针)

前片

全下针

20cm(68行)

双罗纹

5cm(18行)

32cm(80针)

124针　4cm(14行)

领圈起124针先织14行双罗纹后再分前后片和袖片编织

领子结构图

宽松花朵背心

【成品尺寸】 衣长38cm　胸围64cm

【工具】 3.5mm棒针　钩针

【材料】 黄色羊毛绒线300g　红色、白色线各少许

【密度】 10cm² ：28针×40行

【制作过程】

1. 前片：按图用橙色线，下针起针法起90针，织5cm单罗纹，其中织4行后，改用黄色线，织全下针，侧缝不用加减针，织至18cm时，开始袖窿以上的编织，两边袖窿先平收6针，减针方法是：每2行减2针减6次，平织48行，同时从袖窿算起，织10cm时，在中间平收16针，两边领窝减针，方法是：每2行减1针减5次，平织10行，至肩部余14针。

2. 后片：袖窿和袖窿以下织法与前片一样，从袖窿算起，织13cm时，在中间平收22针，两边领窝减针，方法是：每2行减1针减2次，至肩部余14针。

3. 编织结束后，将前后片侧缝、肩部对应缝合。

4. 袖口：两边袖口各挑92针，织4cm单罗纹。

5. 领边挑90针，圈织4cm单罗纹，形成圆领。

6. 用钩针钩织小花，装饰前片。编织完成。

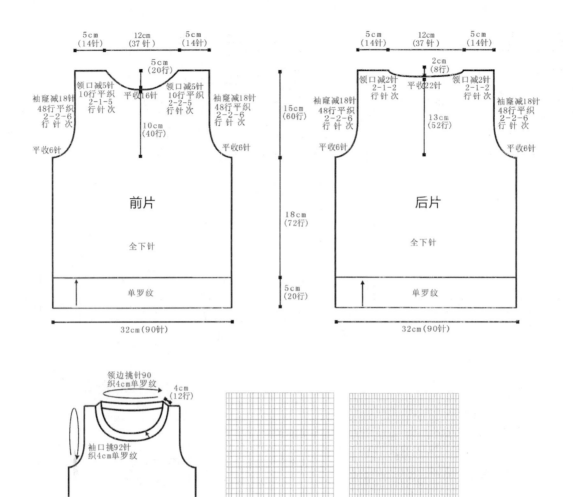

领子结构图　　　单罗纹　　　全下针

趣味数字套头毛衣

【成品尺寸】衣长 40cm　胸围 62cm　袖长 40cm

【工具】3.5mm 棒针

【材料】蓝色羊毛绒线若干　白色羊毛绒线少许

【密度】10cm² ：30 针 ×38 行

【制作过程】

1. 前片：按图用机器边起针法起 93 针，织 7cm 单罗纹后，改织全下针，并编入花样图案，侧缝不用加减针，织至 18cm 时，开始袖窿以上的编织，两边平收 5 针，然后袖窿减针，方法是：每 2 行减 1 针减 8 次，40 行平织。同时从袖窿算起，织 11cm 时，在中间平收 18 针，两边领窝减针，方法是：每 2 行减 2 针减 4 次，平织 8 行，至肩部余 15 针。

2. 后片：袖窿和袖窿以下织法与前片一样，从袖窿算起，织 13cm 时，在中间平收 30 针，两边领窝减针，方法是：每 2 行减 1 针减 2 次，平织 4 行，至肩部余 15 针。

3. 袖片：按图用机器边起针法起 60 针，织 4cm 单罗纹后，改织全下针，并配色，袖下按图加针，方法是：每 6 行加 1 针加 12 次，织至 22cm，按图示两边平收 5 针后，袖山减针，方法是：每 2 行减 1 针减 9 次，每 2 行减 2 针减 3 次，每 2 行减 3 针减 3 次，每 2 行减 4 针减 1 次，顶部余 18 针。

4. 编织结束后，将前后片侧缝、肩部、袖片对应缝合。

5. 领圈挑 86 针，织 3cm 单罗纹，形成圆领。编织完成。

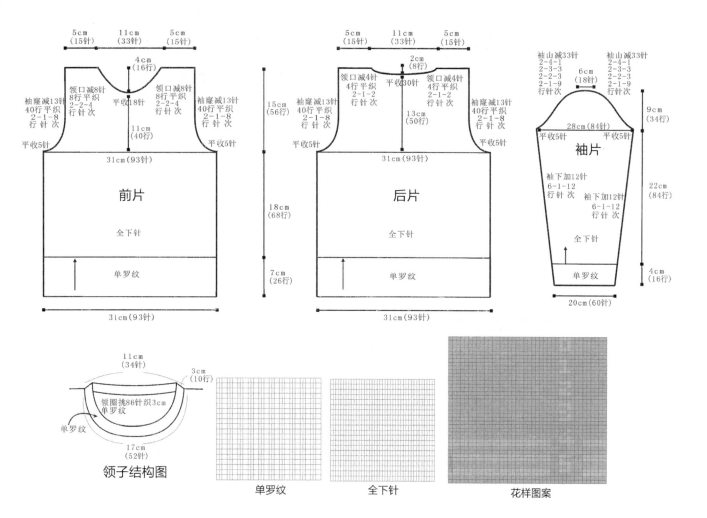

前片

5cm（15针）　11cm（33针）　5cm（15针）

4cm（16行）

领口减8针8行平织2-2-4行针次

领口减8针8行平织2-2-4行针次

袖窿减13针40行平织2-1-8行针次

袖窿减13针40行平织2-1-8行针次

平收18针

11cm（40行）

平收5针　平收5针

31cm（93针）

全下针

单罗纹

31cm（93针）

15cm（56行）

18cm（68行）

7cm（26行）

后片

5cm（15针）　11cm（33针）　5cm（15针）

2cm（8行）

领口减4针4行平织2-1-2行针次

领口减4针4行平织2-1-2行针次

平收30针

袖窿减13针40行平织2-1-8行针次

袖窿减13针40行平织2-1-8行针次

13cm（50行）

平收5针　平收5针

31cm（93针）

全下针

单罗纹

31cm（93针）

袖片

袖山减33针2-4-12-3-32-2-32-1-9行针次

袖山减33针2-4-12-3-32-2-32-1-9行针次

6cm（18行）

9cm（34行）

28cm（84针）

平收5针　平收5针

袖下加12针6-1-12行针次

袖下加12针6-1-12行针次

22cm（84行）

全下针

单罗纹

4cm（16行）

20cm（60针）

11cm（34针）

3cm（10行）

领圈挑86针织3cm单罗纹

单罗纹

17cm（52行）

领子结构图

单罗纹　　**全下针**　　**花样图案**

V领卡通图案背心

【成品尺寸】 衣长 39cm　胸围 70cm
【工具】 3.5mm 棒针
【材料】 白色羊毛绒线若干　蓝色线少许
【密度】 10cm² ：26 针 ×36 行

【制作过程】

1. 前片：用下针起针法起 91 针，织 6cm 单罗纹后，改织全下针，并编入花样图案，16cm 后进行袖窿以上的编织。两边各平收 4 针后，进行袖窿减针，方法是：每 2 行减 1 针减 10 次，平织 42 行。同时按领口花样进行两边开领窝，方法是：每 2 行减 2 针减 8 次，平织 46 行，至肩部余 13 针。

2. 后片：袖窿以下和袖窿减针的织法与前片一样。领窝的织法：在袖窿算起 15cm 时，平收 26 针，进行领窝减针，方法是：每 2 行减 1 针减 3 次，至肩部余 13 针。

3. 编织结束后，将前后片侧缝、肩部对应缝合。

4. 领圈挑 94 针，织 2cm 单罗纹，形成圆领。两袖口分别挑 108 针，织 2cm 单罗纹。编织完成。

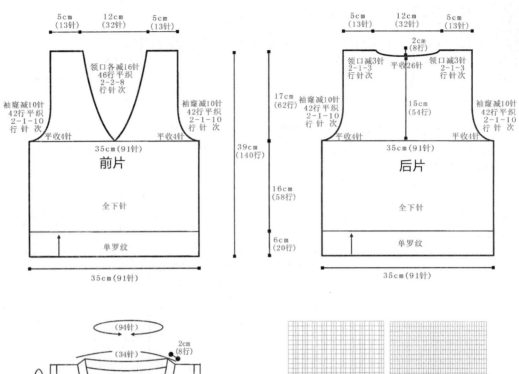

5cm
(13针)　12cm
(32针)　5cm
(13针)

领口各减16针
46行平织
2-2-8
行针次

袖窿减10针
42行平织
2-1-10
行针次

袖窿减10针
42行平织
2-1-10
行针次

平收4针　平收4针

35cm(91针)

前片

全下针

单罗纹

39cm
(140行)

35cm(91针)

5cm
(13针)　12cm
(32针)　5cm
(13针)

2cm
(8行)

领口减3针
2-1-3
行针次　平收26针　领口减3针
2-1-3
行针次

袖窿减10针
42行平织
2-1-10
行针次

袖窿减10针
42行平织
2-1-10
行针次

平收4针　平收4针

35cm(91针)

后片

全下针

单罗纹

17cm
(62行)

15cm
(54行)

16cm
(58行)

6cm
(20行)

35cm(91针)

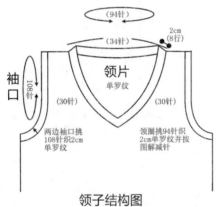

(94针)

(34针)

2cm
(8行)

领片

单罗纹

(30针)　(30针)

袖
口

108针

两边袖口挑
108针织2cm
单罗纹

领圈挑94针织
2cm单罗纹并按
图解减针

领子结构图

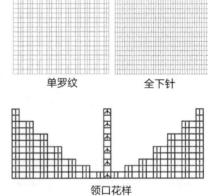

单罗纹　　全下针

领口花样

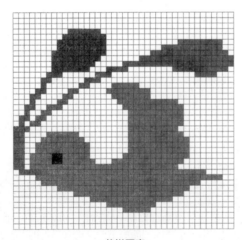

花样图案

活泼宽松套头衫

【成品尺寸】 衣长 38cm　胸围 64cm　袖长 34cm

【工具】 3.5mm 棒针

【材料】 红色羊毛绒线若干　白色、蓝色、绿色、黑色羊毛绒线各少许

【密度】 10cm² ：26 针 ×36 行

【制作过程】

1. 用红色羊毛绒线从领圈往下编织，按编织方向，用一般起针法起 124 针，先织 8 行双罗纹，作为领子，然后继续织全下针，并开始分前后片和袖片，每片之间各留 2 针的筋，并在 2 针筋两边每 2 行各加 2 针加 17 次，织至 13cm 时，针数为 260 针，分片编织时，在每片的两边直加 3 针至 284 针。

2. 后片：分出 83 针，继续织 18cm 全下针后，侧缝不用加减针，再改织 4cm 双罗纹。

3. 前片：分出 83 针，织法与后片一样，并用白色、蓝色、绿色、黑色等羊毛绒线编入花样图案。

4. 袖片：分出 60 针，继续织 17cm 全下针，并编入袖片图案，袖下减针，方法是：每 6 行减 1 针减 10 次，然后织 4cm 双罗纹。

5. 前片、后片和袖片对应缝合。编织完成。

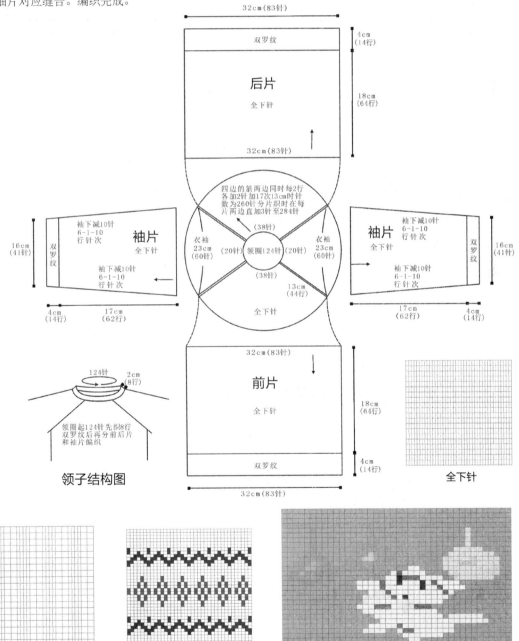

四边的筋两边同时每2行各加2针加17次13cm时针数为260针分片编织时在每片两边直加3针至284针

双罗纹

后片
全下针

4cm（14行）

18cm（64行）

32cm（83针）

袖下减10针 6-1-10 行针次

袖片
全下针

袖下减10针 6-1-10 行针次

16cm（41行）

双罗纹

4cm（14行）　17cm（62行）

衣袖 23cm（60针）

领圈124针

（38针）（20针）（20针）（38针）

13cm（44行）

全下针

衣袖 23cm（60针）

袖片
全下针

16cm（41行）

双罗纹

17cm（62行）　4cm（14行）

32cm（83针）

前片
全下针

18cm（64行）

4cm（14行）

双罗纹

32cm（83针）

124针　2cm（8行）

领圈起124针先织8行双罗纹后再分前后片和袖片编织

领子结构图

全下针

双罗纹

袖片图案

花样图案

麻花花纹毛衣

【成品尺寸】 衣长 42cm　胸围 52cm　连肩袖长 43cm

【工具】 3.5mm 棒针

【材料】 浅蓝色羊毛绒线若干

【密度】 10cm² ：28 针 ×38 行

【制作过程】

1. 从领圈往下编织，按编织方向，用下针起针法起 96 针，先织 40 行单罗纹，对折缝合，形成双层圆领，然后继续往下编织，开始分前后片和袖片，前片织花样，后片织全下针，每片之间各留 2 针的筋，并在 2 针筋两边每 2 行各加 2 针加 22 次，织至 68 行时，针数为 272 针，分片编织时，在每片的两边直加 3 针至 296 针。然后分片编织。

2. 后片：分出 72 针，继续织 19cm 全下针后，侧缝不用加减针，再改织 5cm 单罗纹。

3. 前片：分出 72 针，继续织花样，织法与后片一样。

4. 袖片：分出 76 针，继续织 20cm 全下针，袖下减针，方法是：每 6 行减 1 针减 12 次，然后织 5cm 单罗纹。

5. 缝合：前后片的侧缝对应缝合，两片袖片的袖下分别缝合。编织完成。

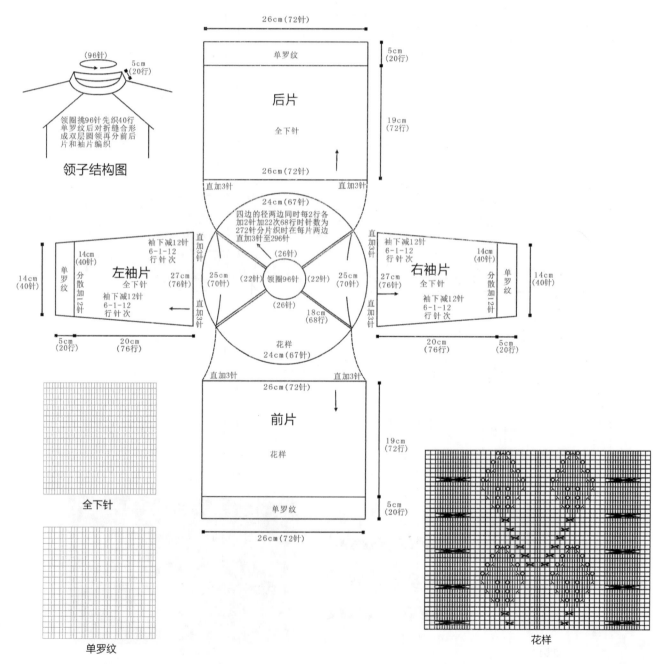

领子结构图

领圈挑96针先织40行单罗纹后对折缝合形成双层圆领再分前后片和袖片编织

后片　全下针

26cm(72针)　单罗纹　5cm(20行)　19cm(72行)

直加3针

24cm(67针)

四边两边的径两边同时每2行各加2针加22次68行时数为272针分片织时在每片两边直加3针至296针

左袖片　全下针　14cm(40针)　27cm(76针)　分散加一12针　袖下减针12针 6-1-12 行针次　5cm(20行)　20cm(76行)

右袖片　全下针　14cm(40针)　27cm(76针)　分散加一12针　袖下减针12针 6-1-12 行针次

25cm(70针)　(22针)　领圈96针　(22针)　25cm(70针)　(26针)

18cm(68行)

前片　花样　26cm(72针)　19cm(72行)　单罗纹　5cm(20行)

全下针

单罗纹

花样

气质女孩短袖外套

【成品尺寸】衣长 42cm　胸围 74cm　袖长 20cm
【工具】3.5mm 棒针　绣花针
【材料】紫色羊毛绒线若干
【密度】10cm² : 20 针 × 28 行
【附件】纽扣 5 枚

【制作过程】

1. 从领圈往下编织，用一般起针法起 92 针，先织 3cm 单罗纹，作为领子，然后开始分前后片和袖片，之间留 3 针，并按花样 C 在 3 针旁边，每 2 行各加 1 针，织至 18cm 时，前片分左右两片编织，和后片一样，织 21cm 花样 A，门襟留 6 针作为织花样 B 的门襟，然后改织 3cm 花样 B 的下摆。袖口挑 67 针，织花样 A。
2. 侧缝缝合。
3. 装饰：用绣花针缝上纽扣。编织完成。

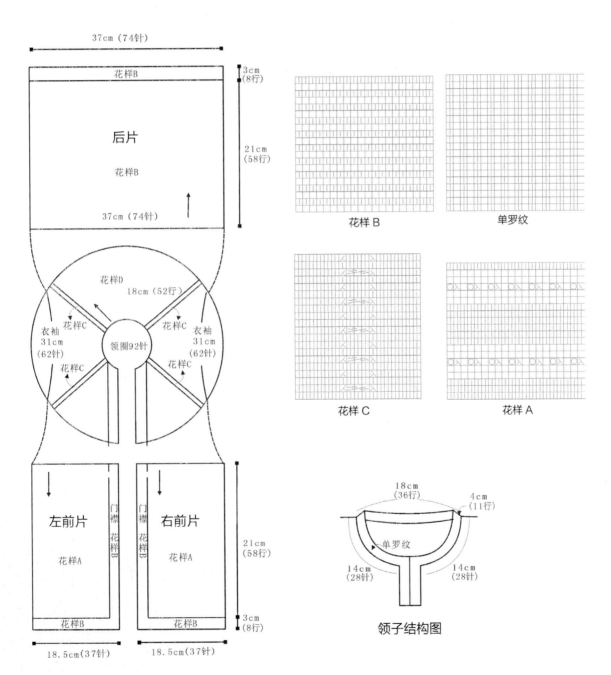

小瓢虫纽扣马甲

【成品尺寸】衣长 36cm　胸围 60cm
【工具】3.5mm 棒针　缝衣针
【材料】灰色羊毛绒线若干　蓝色羊毛绒线少许
【密度】$10cm^2$：26 针 ×34 行
【附件】纽扣 3 枚

【制作过程】

1. 前片：分左右 2 片编织。左前片：用蓝色线，机器边起针法起 39 针，织 4cm 单罗纹，然后改用灰色线织全下针，并编入前片图案，侧缝不用加减针，织至 18cm 时开始袖窿以上编织，袖窿平收 6 针后，进行袖窿减针，方法是：每 2 行减 1 针减 6 次，平织 36 行至肩部。同时进行领窝减针，方法是：每 2 行减 1 针减 16 次，平织 16 行，至肩部余 10 针。用同样方法反方向编织右前片。

2. 后片：用蓝色线，机器边起针法起 78 针，织 4cm 单罗纹，然后改用灰色线织全下针，织至 18cm 时左右两边开始袖窿减针，方法与前片一样。同时从袖窿算起，织至 12cm 时，中间平收 24 针后，两边领窝减针，方法是：每 2 行减 1 针减 4 次，至肩部余 16 针。

3. 编织结束后，将前后片侧缝、肩部对应缝合。

4. 两边门襟至领窝，用蓝色线挑 224 针，织 8 行单罗纹，左边门襟间隔 28 行均匀地开纽扣孔。

5. 两边袖口用蓝色线各挑 80 针，织 8 行单罗纹。

6. 用缝衣针缝上纽扣。编织完成。

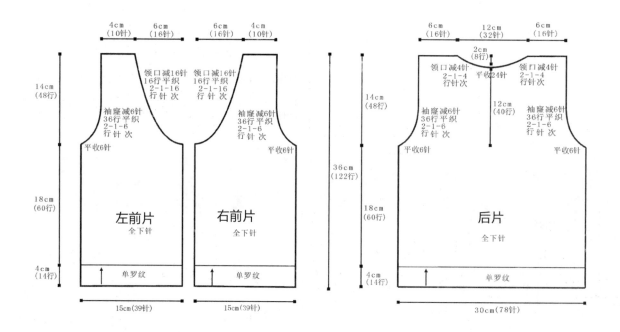

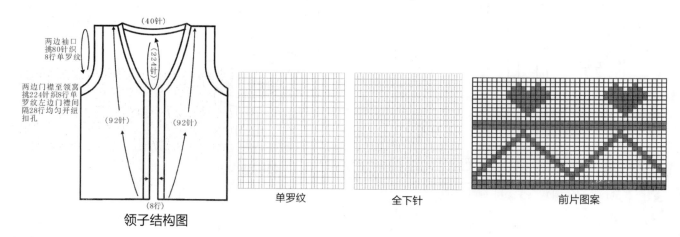

单罗纹　　　全下针　　　前片图案

领子结构图

时尚小毛球毛衣

【成品尺寸】衣长 45cm　胸围 62cm　袖长 46cm
【工具】3.5mm 棒针
【材料】白色羊毛绒线若干
【密度】10cm² : 20 针 ×28 行

【制作过程】
1. 先起 250 针，织 1 行上针 1 行下针，加 1 针，2 针并 1 针，重复织完 1 圈，然后按花样 B 减针，织 14cm 至领口，全部收针。
2. 在起针的地方挑 250 针，分出前后片和袖片的针数，前后片各 62 针，袖片各 46 针，4 针径各 2 针，加 6 次共 12 针，织 8 行后腋下两边各加 3 针。
3. 分出前片 62 针，继续编织，侧缝不用加减针，先织 15cm 全下针后，改织 8cm 花样 A，再织 5cm 双罗纹。
4. 袖片分出 46 针，继续编织，先织 16cm 全下针后，袖下减针，方法是：每 4 行织 1 针减 5 次，再改织 7cm 花样 A，织 5cm 双罗纹。
5. 把侧缝和袖下对应缝合。编织完成。

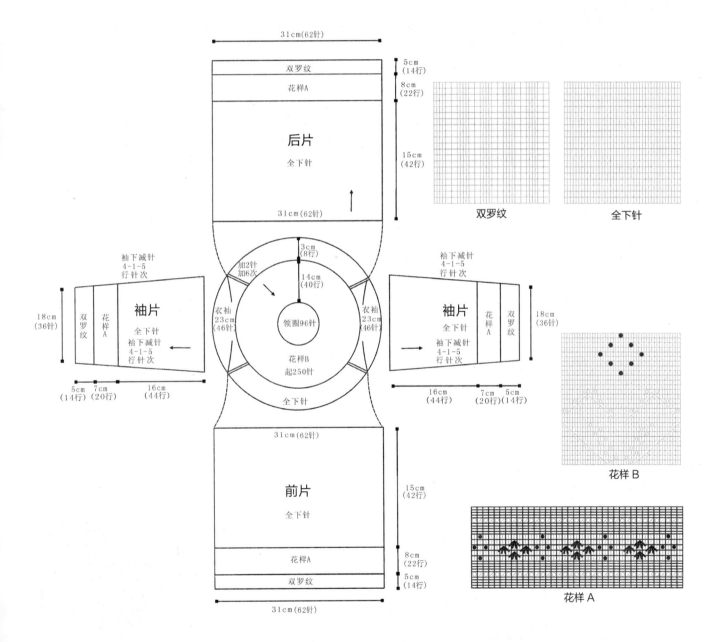

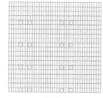

复古花纹开裆长裤

【成品尺寸】裤长 46cm　裤围 82cm
【工具】3.5mm 棒针
【材料】玫红色羊毛绒线若干
【密度】10cm² : 20 针 ×28 行
【附件】宽紧带 1 根

【制作过程】

1. 从裤头织起，用下针起针法起 164 针，先圈织双层平针狗牙边（用于穿宽紧带）后，改织花样 A，织花样 A 时请按侧面图，织至 11cm 时，开始分前后裆，前后裆的中间平加 10 针，然后分左右裤腿。

2. 左裤腿编织：先片织 12 行后，把裤裆合并来圈织，并在裤裆处加 8 针，再每 2 行减 2 针，把这 8 针减掉，再进行裤腿内侧减针，方法是：每 6 行减 2 针减 8 次，织 20cm 时改织 4cm 花样 C。用同样方法编织右裤腿。

3. 在前后裤裆处片织部分挑 140 针，织 4cm 花样 B。

4. 穿上宽紧带。编织完成。

花样 C

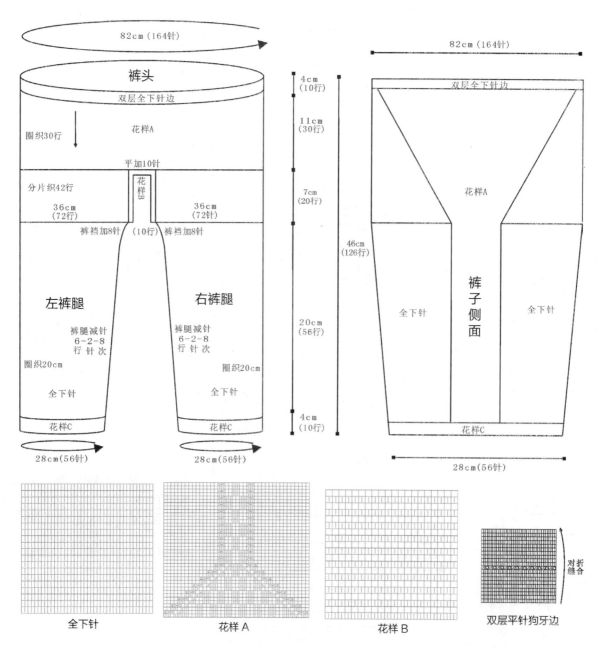

全下针　　　花样 A　　　花样 B　　　双层平针狗牙边

立体条纹套头毛衣

【成品尺寸】衣长 40cm　下摆宽 34cm　连肩袖长 40cm

【工具】3.5mm 棒针

【材料】白色、紫色羊毛绒线各若干

【密度】10cm² ：26 针 ×40 行

【制作过程】

1. 领口环形片：用下针起针法起 92 针，环织花样，并按花样加针，在花样的下针处加针，第 1 组花每 3 针加 1 针，第 2 组花每 4 针加 1 针，第 3 组花每 5 针加 1 针，以此类推织完 15cm 时，织片的针数加到 288 针，环形片完成。

2. 开始分出前片、后片和两片袖片。前片：分出 80 针，在两边各平加 6 针织至 92 针，继续编织花样，不用再加减针，织至 20cm 后，改织 5cm 双罗纹，收针断线。后片：分出 80 针，编织方法与前片一样。

3. 袖片：左袖片分出 64 针，织花样，袖下减针，方法是：每 6 行减 1 针减 14 次，织至 20cm 时，改织 5cm 双罗纹，收针断线。用同样方法编织右袖片。

4. 缝合：将前片的侧缝和后片的侧缝缝合。两袖片的袖下分别缝合。编织完成。

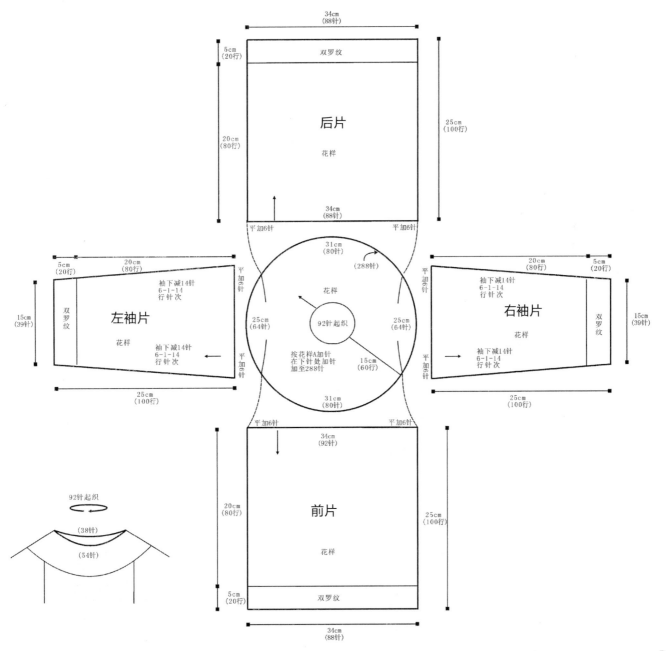

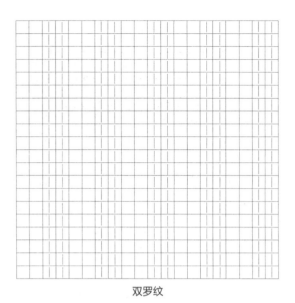

双罗纹

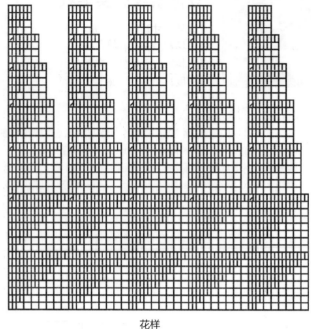

花样

神秘猫咪宽松毛衣

【成品尺寸】 衣长 31cm　胸围 64cm　袖长 32cm

【工具】 3.5mm 棒针　绣花针

【材料】 黑色、白色羊毛绒线各若干

【密度】 10cm² ： 24 针 ×36 行

【制作过程】

1. 前片:用下针起针法起 77 针，编织 4cm 双罗纹后，改织全下针，并编入前片图案，侧缝不用加减针，织 14cm 至袖窿。袖窿以上：两边袖窿平收 5 针后减 6 针，方法是：每 2 行减 2 针减 3 次，各减 6 针，余下针数不加不减织 11cm 至肩部。同时从袖窿算起织至 7cm 时，开始开领窝，中间平收 18 针，然后两边减针，方法是：每 2 行减 1 针减 7 次，各减 7 针，不加不减织 6 行至肩部余 12 针。

2. 后片:袖窿和袖窿以下编织方法与前片袖窿一样。同时织至袖窿算起 11cm 时，开后领窝，中间平收 26 针，两边减针，方法是：每 2 行减 1 针减 3 次，织至两边肩部余 12 针。

3. 袖片:用下针起针法，起 52 针，织 5cm 双罗纹后，改织全下针，袖下加针，方法是：每 4 行加 1 针加 8 次，织至 15cm 时开始袖山减针，方法是：每 2 行减 2 针减 11 次，至顶部余 24 针。

4. 缝合：将前片的侧缝与后片的侧缝对应缝合。前片的肩部与后片的肩部缝合，两边袖片的袖下缝合后，分别与衣片的袖边缝合。

5. 领片：领圈边挑 120 针，圈织 3cm 双罗纹，形成圆领。编织完成。

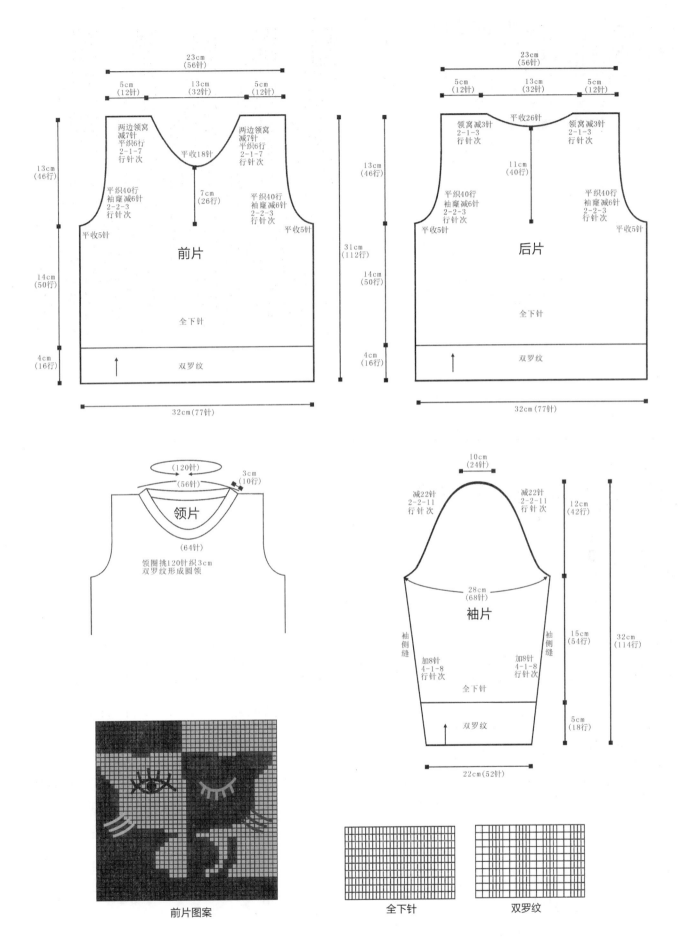

前片 (Front piece)

23cm(56针)

5cm(12针)　13cm(32针)　5cm(12针)

两边领窝
减7针
平织6行
2-1-7
行针次

平收18针

两边领窝
减7针
平织6行
2-1-7
行针次

13cm(46行)

7cm(26行)

平织40行
袖窿减6针
2-2-3
行针次

平织40行
袖窿减6针
2-2-3
行针次

平收5针　平收5针

前片

14cm(50行)

31cm(112行)

全下针

4cm(16行)

双罗纹

32cm(77针)

后片 (Back piece)

23cm(56针)

5cm(12针)　13cm(32针)　5cm(12针)

平收26针

领窝减3针
2-1-3
行针次

领窝减3针
2-1-3
行针次

13cm(46行)

11cm(40行)

平织40行
袖窿减6针
2-2-3
行针次

平织40行
袖窿减6针
2-2-3
行针次

平收5针　平收5针

后片

14cm(50行)

全下针

4cm(16行)

双罗纹

32cm(77针)

领片 (Collar piece)

(120针)

3cm(10行)

(56针)

领片

(64针)

领圈挑120针织3cm
双罗纹形成圆领

袖片 (Sleeve piece)

10cm(24针)

减22针
2-2-11
行针次

减22针
2-2-11
行针次

12cm(42行)

28cm(68针)

袖片

袖侧缝　袖侧缝

15cm(54行)

32cm(114行)

加8针
4-1-8
行针次

加8针
4-1-8
行针次

全下针

双罗纹

5cm(18行)

22cm(52针)

前片图案

全下针　双罗纹

V领帅气绅士马甲

【成品尺寸】衣长36cm　胸围68cm

【工具】3.5mm棒针　缝衣针

【材料】灰色羊毛绒线若干　浅绿色羊毛绒线少许

【密度】10cm²：26针×34行

【附件】纽扣3枚

【制作过程】

1. 前片：分左右2片编织。左前片：用机器边起针法起44针，织4cm单罗纹，其中用浅绿色间色，然后改织花样，侧缝不用加减针，织至18cm时开始袖窿以上编织，袖窿平收14针，平织14cm至肩部。同时进行领窝减针，方法是：每2行减1针减14次，平织12行，至肩部余16针。用同样方法反方向编织右前片。

2. 后片：用机器边起针法起88针，织4cm单罗纹，其中用浅绿色线间色，然后改织全下针，织至18cm时左右两边开始袖窿减针，方法与前片一样。同时从袖窿算起，织至13cm时，中间平收24针后，两边领窝减针，方法是：每2行减1针减2次，至肩部余16针。

3. 编织结束后，将前后片侧缝、肩部对应缝合。

4. 两边门襟至领窝挑240针，织8行单罗纹，并用浅绿色线间色，左边门襟间隔22行均匀地开纽扣孔。

5. 两边袖口各挑116针，织8行单罗纹，并用浅绿色线间色。

6. 用缝衣针缝上纽扣。编织完成。

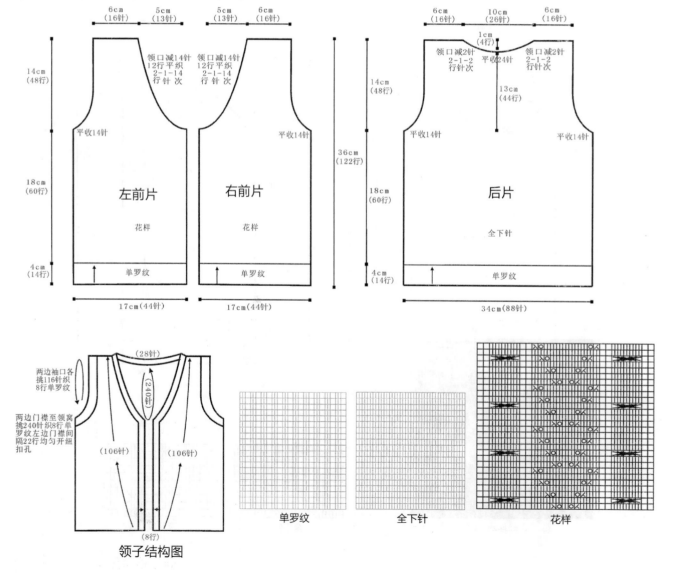

收腰圆领短袖裙装

【成品尺寸】衣长 42cm　胸围 64cm　袖长 16cm
【工具】3.5mm 棒针
【材料】玫红色羊毛绒线若干
【密度】10cm² ：24 针 ×36 行
【附件】装饰腰带 1 根

【制作过程】

1. 前片：按图用机器边起针法起 76 针，织 4cm 花样 B 后，改织全下针，侧缝不用加减针，织至 12cm 时，再改织 12cm 花样 A，开始袖窿以上的编织，袖窿减针，方法是：每 2 行减 1 针减 6 次，40 行平织。同时在袖窿算起，织 6cm 时，在中间平收 16 针，两边领窝减针，方法是：每 2 行减 2 针减 5 次，共减 10 针，平织 16 行，至肩部余 14 针。

2. 后片：袖窿和袖窿以下织法与前片一样。在袖窿算起，织 12cm 时，在中间平收 32 针，两边领窝减针，方法是：每 2 行减 1 针减 2 次，至肩部余 14 针。

3. 袖片：按图用机器边起针法起 60 针，织花样 C，袖下不用加减针，织至 4cm 时进行袖山减针，方法是：每 2 行减 1 针减 22 次，织至顶部余 16 针。

4. 编织结束后，将前后片侧缝、肩部、袖片对应缝合。

5. 领圈挑 112 针，织 3cm 双罗纹，形成圆领。

6. 两边口袋另织，分别起 18 针，先织 4cm 全下针后，改织 2cm 花样 B。并与前片缝合，2 个口袋距离 24 针，离下摆花样 B2cm 处缝合。

7. 系上装饰腰带。编织完成。

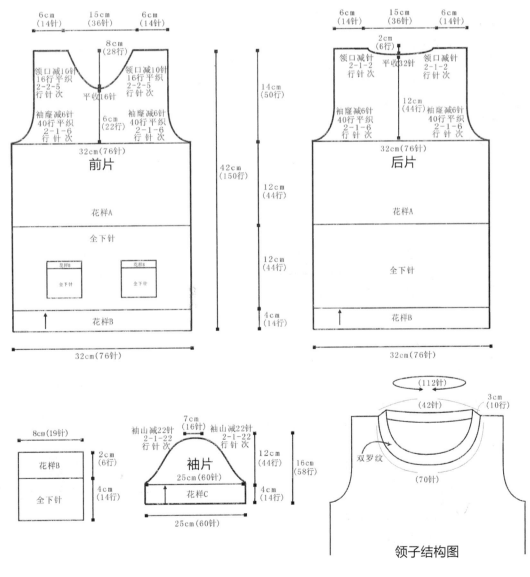

领子结构图

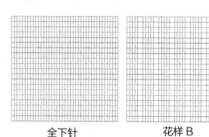

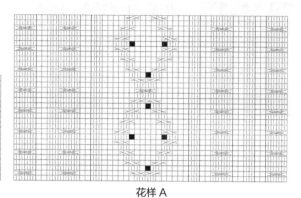

花样 C   全下针   花样 B   花样 A

双罗纹

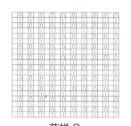

动物口袋翻领外套

【成品尺寸】 衣长 42cm　胸围 76cm　袖长 38cm
【工具】 3.5mm 棒针　绣花针　钩针
【材料】 蓝色羊毛绒线若干　白色线少许
【密度】 10cm² : 20 针 ×28 行
【附件】 纽扣 4 枚

【制作过程】

1. 从领圈往下编织，按编织方向，用一般起针法起 92 针，织全下针，然后分前后片和两边衣袖，之间留 2 针，每 2 行在 2 针旁边各加 1 针。

2. 织至 18cm 时，左前片继续编织 19cm 全下针，门襟按图减针。用同样方法继续编织右前片。

3. 后片：织至 18cm 时，继续织 21cm 全下针。

4. 袖片：织 17cm 全下针后，改织 3cm 花样。

5. 门襟至前后片挑 228 针，织 3cm 花样，领圈边挑 92 针，织 8cm 花样，再织 2cm 全下针，形成翻领。

6. 装饰：缝上纽扣，左右前片衣袋用钩针钩织好缝合。编织完成。

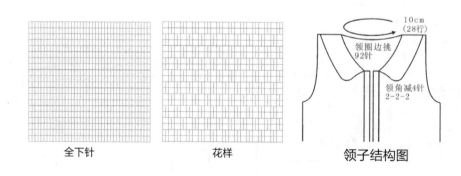

全下针   花样   领子结构图

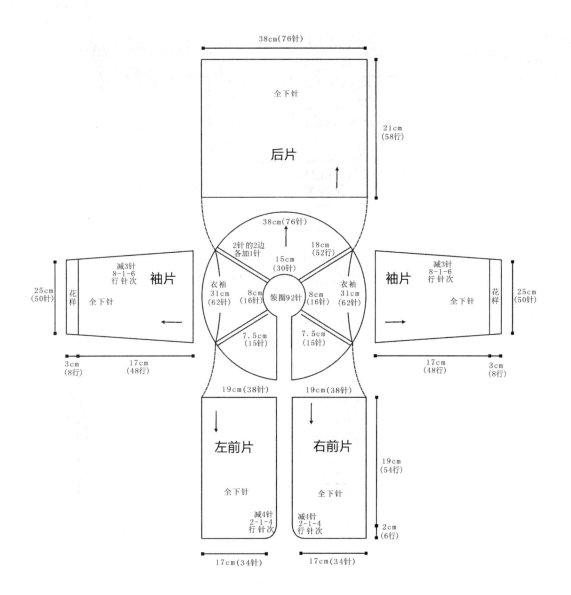

38cm(76针)

全下针

后片

21cm
(58行)

38cm(76针)

2针的2边
各加1针

18cm
(52行)

15cm
(30行)

减3针
8-1-6
行针次

袖片

衣袖
31cm
(62针)

8cm
(16针)

领圈92针

8cm
(16针)

衣袖
31cm
(62针)

减3针
8-1-6
行针次

袖片

25cm
(50针)

花样

全下针

7.5cm
(15针)

7.5cm
(15针)

全下针

花样

25cm
(50针)

3cm
(8行)

17cm
(48行)

17cm
(48行)

3cm
(8行)

19cm(38针)

19cm(38针)

左前片

右前片

19cm
(54行)

全下针

全下针

减4针
2-1-4
行针次

减4针
2-1-4
行针次

2cm
(6行)

17cm(34针)

17cm(34针)

顽皮狗背心

【成品尺寸】衣长 45cm　胸围 76cm

【工具】3.5mm 棒针　绣花针

【材料】灰色羊毛绒线若干

【密度】$10cm^2$：20 针 ×28 行

【附件】刺绣装饰图案 1 枚

【制作过程】

1.前片：按图用下针起针法起 76 针，织 4cm 双罗纹后，改织花样，侧缝不用加减针，织至 26cm 时左右两边平收 5 针，开始按图收成袖窿，同时在中间分两片编织，按图减针开领窝，左右肩分别编织，直到完成。

2.后片：织法与前片一样，只是需按图开领窝。

3.编织结束后，将前后片侧缝、肩部对应缝合。

4.领圈挑 92 针，按领口花样图解织 3cm 双罗纹，形成 V 领。两边袖口挑 70 针，织 3cm 双罗纹。

5.缝上刺绣装饰图案。编织完成。

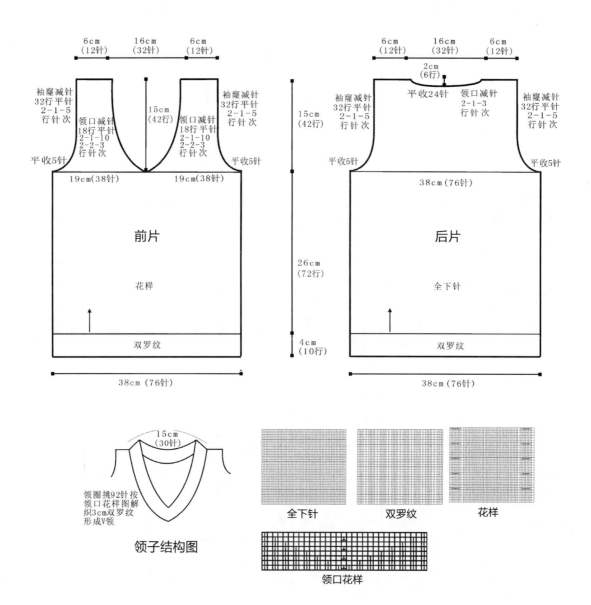

6cm
(12针)
16cm
(32针)
6cm
(12针)

袖窿减针
32行平针
2-1-5
行针次

领口减针
18行平针
2-1-10
2-2-3
行针次

15cm
(42行)

领口减针
18行平针
2-1-10
2-2-3
行针次

袖窿减针
32行平针
2-1-5
行针次

平收5针

19cm(38针)

19cm(38针)

平收5针

前片

花样

双罗纹

38cm (76针)

6cm
(12针)
16cm
(32针)
6cm
(12针)

2cm
(6行)

袖窿减针
32行平针
2-1-5
行针次

平收24针

领口减针
2-1-3
行针次

袖窿减针
32行平针
2-1-5
行针次

15cm
(42行)

平收5针

38cm(76针)

平收5针

后片

全下针

26cm
(72行)

双罗纹

4cm
(10行)

38cm (76针)

15cm
(30针)

领圈挑92针按
领口花样图解
织3cm双罗纹
形成V领

领子结构图

全下针

双罗纹

花样

领口花样

蓝白拼色马甲

【成品尺寸】 衣长42cm　胸围80cm

【工具】 3.5mm棒针　绣花针

【材料】 蓝色羊毛绒线若干　白色羊毛绒线少许

【密度】 10cm² ：20针×28行

【附件】 纽扣3枚

【制作过程】

1. 前片：分左右2片编织，左前片按图起40针，织4cm花样B后，改织花样A，并按图解配色，门襟留6针织花样B，织至23cm时左边开始按图收成袖窿，袖窿留6针织花样B，只在内边减针，并同时开领窝，6针花样B始终不变，只在内边减针，直到完成。用同样方法反方向编织右前片。

2. 后片：按图起80针，织4cm花样B后，改织花样A，并按图配色，织至23cm时左右两边开始按图收成袖窿，袖窿留6针织花样B，只在内边减针，领窝不用减针，直到完成。

3. 编织结束后，将前后片侧缝、肩部缝合。

4. 装饰：用绣花针缝上纽扣。编织完成。

宝宝的美衣
编织书

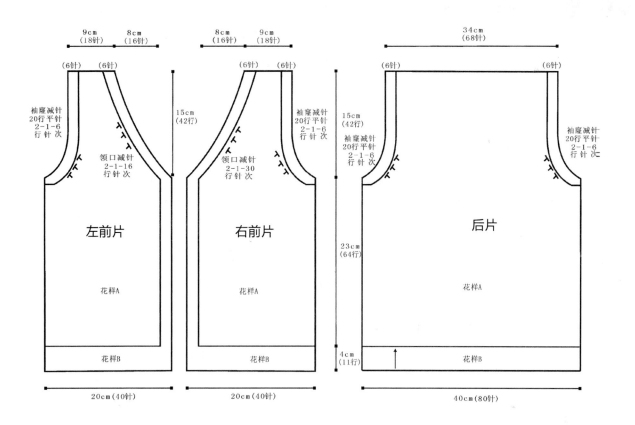

9cm
(18针)
8cm
(16针)

(6针) (6针)

袖窿减针
20行平针
2-1-6
行针次

领口减针
2-1-16
行针次

15cm
(42行)

左前片

花样A

花样B

20cm(40针)

8cm
(16针)
9cm
(18针)

(6针) (6针)

领口减针
2-1-30
行针次

袖窿减针
20行平针
2-1-6
行针次

右前片

花样A

花样B

20cm(40针)

34cm
(68针)

(6针) (6针)

15cm
(42行)

袖窿减针
20行平针
2-1-6
行针次

袖窿减针
20行平针
2-1-6
行针次

后片

23cm
(64行)

花样A

4cm
(11行)

花样B

40cm(80针)

16cm

领圈至门襟
与衣片同时
编织

领子结构图

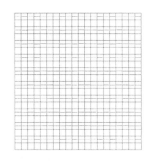

花样B

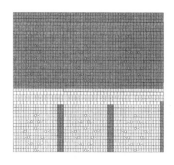

花样A

咖啡色个性连体裤

【成品尺寸】 连护胸裤长 64cm　裤围 54cm

【工具】 3.5mm 棒针

【材料】 深咖啡色羊毛绒线若干　黄色线少许

【密度】 10cm² : 26 针 × 34 行

【附件】 纽扣 2 枚

【制作过程】

1. 毛裤用棒针编织，由 2 个裤腿和 2 片护胸组成，从下往上编织。

2. 裤腿：左裤腿起 36 针，圈织 1 行双罗纹后，分散加 12 针，改织全下针，两边均匀加针，方法是：每 4 行加 1 针加 11 次，织至 16cm 时，开始开裤裆。

3. 裤腿内侧留 5 针织花样 D，此时针数为 70 针，并在 5 针旁边另挑 5 针，形成叠压，来回片织 9cm 后，裤裆织完。用同样方法编织右裤腿。

4. 左右裤腿合并编织，合并后针数为 140 针，中间裤裆的 5 针花样 B 叠压后，圈织全下针，织至 7cm 时，前后片中间打皱褶，余 58 针，并开始织护胸。

5. 分前后片编织护胸，并按花样 A 编织，织 14cm 后余 34 针，并在两边开纽扣空，收针断线。同样方法编织后片护胸，织 14cm 后余 34 针，中间平收 14 针后，两边各 10 针继续编织裤带，织 14cm，收针断线。

6. 两边口袋另织，起 24 针，先织 4cm 花样 C 后，改织全下针，边角减针，织 6cm 收针，按彩图缝合。缝上纽扣。编织完成。

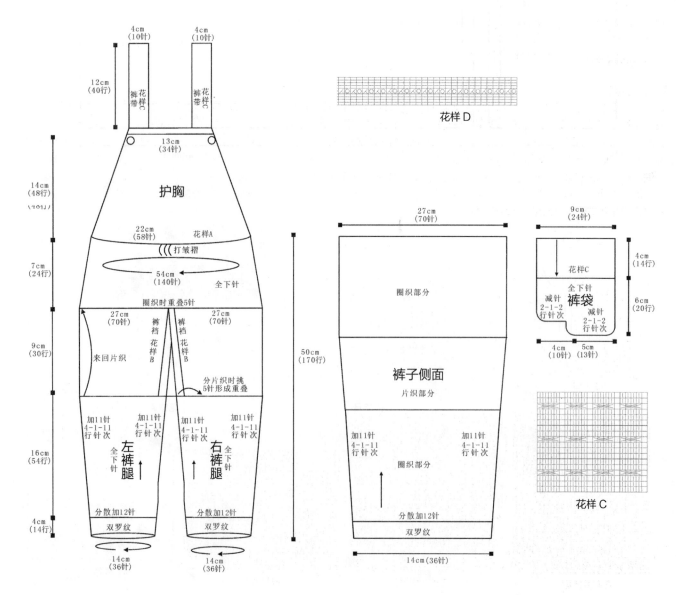

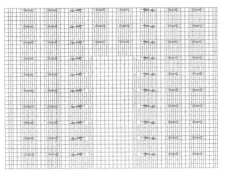

花样 A

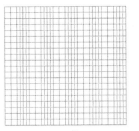

双罗纹

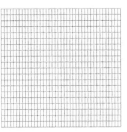

全下针

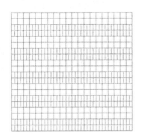

花样 B

条纹色块休闲马甲

【成品尺寸】 衣长 42cm　胸围 80cm
【工具】 3.5mm 棒针　绣花针
【材料】 红色羊毛绒线 100g　白色羊毛绒线 150g　绿色线少许
【密度】 10cm² ：22 针 ×32 行
【附件】 纽扣 4 枚

【制作过程】

1. 前片：分左右 2 片编织，左前片按图起 40 针，织 3cm 单罗纹后，改织全下针，并编入左前片图案，侧缝不用加减针，织至 24cm 时左右两边平收 5 针，开始按图收成袖窿，并同时开领窝，织至完成。用同样方法对应织右前片。
2. 后片：按图起 80 针，织 3cm 单罗纹后，改织全下针，并编入后片图案，侧缝不用加减针，织至 24cm 时左右两边平收 5 针，开始按图收成袖窿，再织 13cm 时开领窝至完成。
3. 编织结束后，将前后片侧缝、肩部对应缝合，两边袖口各挑 66 针，织 2cm 单罗纹。
4. 领圈至两边，门襟一起挑 216 针，织 2cm 单罗纹。
5. 装饰：用绣花针缝上纽扣。编织完成。

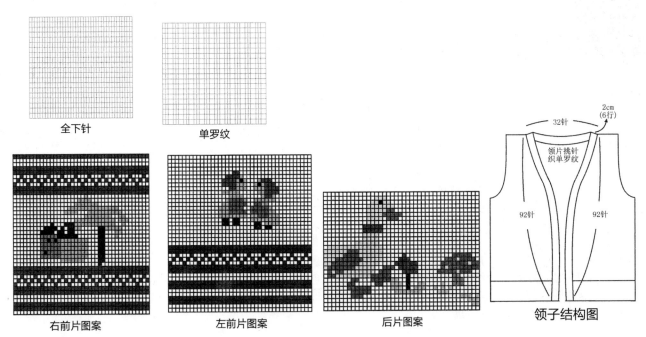

全下针　　　单罗纹

右前片图案　　　左前片图案　　　后片图案　　　领子结构图

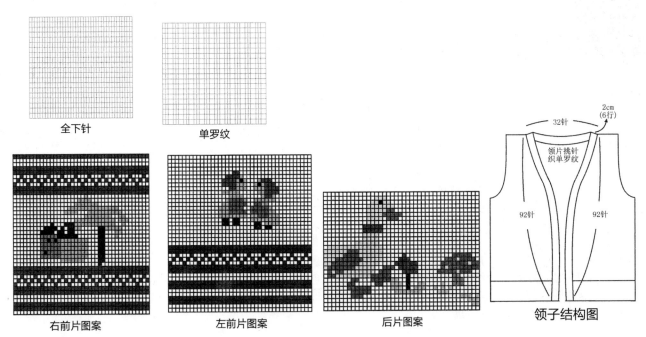

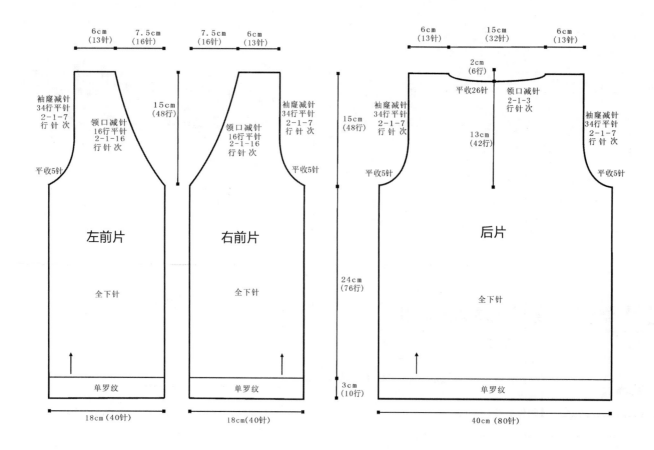

前片
6cm（13针）　7.5cm（16针）　7.5cm（16针）　6cm（13针）

袖窿减针
34行平针
2-1-7
行针次

领口减针
16行平针
2-1-16
行针次

15cm（48行）

平收5针

左前片

全下针

单罗纹

18cm（40针）

领口减针
16行平针
2-1-16
行针次

右前片

全下针

单罗纹

18cm（40针）

袖窿减针
34行平针
2-1-7
行针次

平收5针

后片
6cm（13针）　15cm（32针）　6cm（13针）

2cm（6行）

平收26针

领口减针
2-1-3
行针次

13cm（42行）

15cm（48行）

24cm（76行）

3cm（10行）

袖窿减针
34行平针
2-1-7
行针次

平收5针

后片

全下针

单罗纹

40cm（80针）

平收5针

袖窿减针
34行平针
2-1-7
行针次

简约花纹系扣毛衣

【成品尺寸】 衣长43cm　胸围68cm　袖长35cm
【工具】 3.5mm棒针　缝衣针
【材料】 黄色羊毛绒线若干　咖啡色线少许
【密度】 10cm² ：26针×34行
【附件】 纽扣5枚

【制作过程】

1. 前片：分左右2片编织，左前片：用下针起针法起44针，先织4cm双罗纹，并用咖啡色线配色，然后改织花样，侧缝不用加减针，织至21cm时，开始袖窿以上编织。袖窿平收4针，开始进行袖窿减针，方法是：每2行减1针减8次，平织46行至肩部。同时在袖窿算起，织至9cm时，进行领窝减针，方法是：每2行减2针减7次，织至肩部余18针。用同样方法对应编织右前片。

2. 后片：用下针起针法起88针，先织4cm双罗纹，并用咖啡色线配色，然后改织花样，侧缝不用加减针，织至21cm时，开始袖窿以上编织，左右两边各平收4针，开始进行袖窿减针，方法与前片袖窿一样。同时在袖窿算起织至17cm时，中间平收22针开始领窝减针，方法是：每2行减1针减2次，织至肩部余18针。

3. 袖片：用下针起针法起44针，先织4cm双罗纹，并用咖啡色线配色，然后改织花样，袖下两边按图加针，加针方法是：每4行加1针加13次，织至21cm时两边各平收4针，按图示均匀减针，收成袖山，减针方法是：每2行减1针减14次，每2行减2针减3次，织至顶部余21针。

4. 编织结束后，将前后片侧缝、肩部、袖片对应缝合。

5. 门襟：两边门襟各挑106针，织3cm双罗纹，并用咖啡色线配色，右前片均匀地开纽扣孔。

6. 领子：领圈边挑112针，织3cm双罗纹，并用咖啡色线配色，形成开襟圆领。

7. 装饰：用缝衣针缝上纽扣。编织完成。

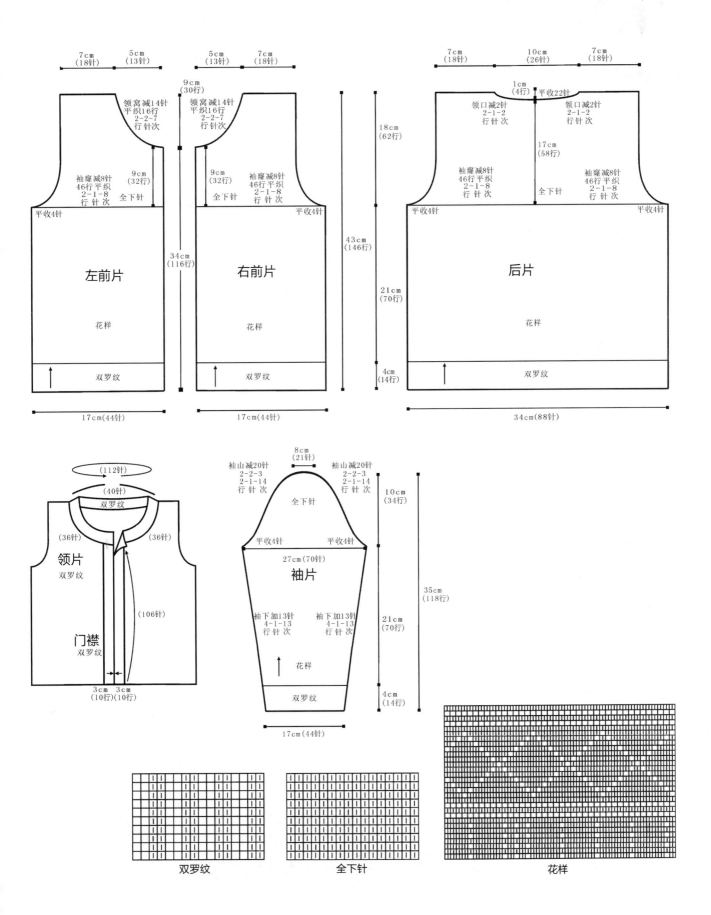

7cm
(18针)
5cm
(13针)
5cm
(13针)
7cm
(18针)

9cm
(30行)

领窝减14针
平织16行
2-2-7
行针次

领窝减14针
平织16行
2-2-7
行针次

9cm
(32行)

9cm
(32行)

袖窿减8针
46行平织
2-1-8
行针次

全下针

全下针

袖窿减8针
46行平织
2-1-8
行针次

平收4针

平收4针

34cm
(116行)

43cm
(146行)

左前片

右前片

花样

花样

双罗纹

双罗纹

17cm(44针)

17cm(44针)

7cm
(18针)
10cm
(26针)
7cm
(18针)

1cm
(4行)
平收22针

领口减2针
2-1-2
行针次

领口减2针
2-1-2
行针次

18cm
(62行)

17cm
(58行)

袖窿减8针
46行平织
2-1-8
行针次

全下针

袖窿减8针
46行平织
2-1-8
行针次

平收4针

平收4针

21cm
(70行)

后片

花样

4cm
(14行)

双罗纹

34cm(88针)

(112针)

(40针)

双罗纹

(36针)

(36针)

领片

双罗纹

(106针)

门襟

双罗纹

3cm   3cm
(10行)(10行)

8cm
(21针)

袖山减20针
2-2-3
2-1-14
行针次

袖山减20针
2-2-3
2-1-14
行针次

全下针

10cm
(34行)

平收4针

平收4针

27cm(70针)

袖片

35cm
(118行)

21cm
(70行)

袖下加13针
4-1-13
行针次

袖下加13针
4-1-13
行针次

花样

4cm
(14行)

双罗纹

17cm(44针)

双罗纹

全下针

花样

条纹圆领小背心

【成品尺寸】 衣长 33cm　胸围 68cm

【工具】 3.5mm 棒针　绣花针

【材料】 黄色羊毛绒线若干　白色线少许

【密度】 10cm² ：22 针 ×34 行

【制作过程】

1. 前片：用下针起针法，起 74 针，编织 4cm 花样后，改织全下针，侧缝不用加减针，织 17cm 至袖窿。

袖窿以上：两边袖窿平收 5 针后减针，方法是：每 2 行减 1 针减 5 次，各减 5 针，余下针数不加不减织 30 行。袖窿以上用白色线间色。

从袖窿算起织至 14 行时，开始开领窝，先平收 20 针，然后两边减针，方法是：每 2 行减 1 针减 6 次，共减 6 针，不加不减织至肩部余 11 针。

2. 后片：用下针起针法，起 74 针，编织 4cm 花样后，改织全下针，侧缝不用加减针，织 17cm 至袖窿。

袖窿：用白色线间色，减针方法与前片一样。

织至袖窿算起 11cm 时，开后领窝，中间平收 28 针，两边减针，每 2 行减 1 针减 2 次，织至两肩部余 11 针。

3. 缝合：将前片的侧缝与后片的侧缝对应缝合。前片的肩部与后片的肩部缝合。

4. 袖口：两边分别挑 76 针，环织 4 行双罗纹后，改织 4 行全下针，形成卷边袖口，同样方法编织另一袖口。

5. 领子：领圈边挑 94 针，环织 4 行双罗纹后，再织 4 行全下针，形成卷边领圈。编织完成。

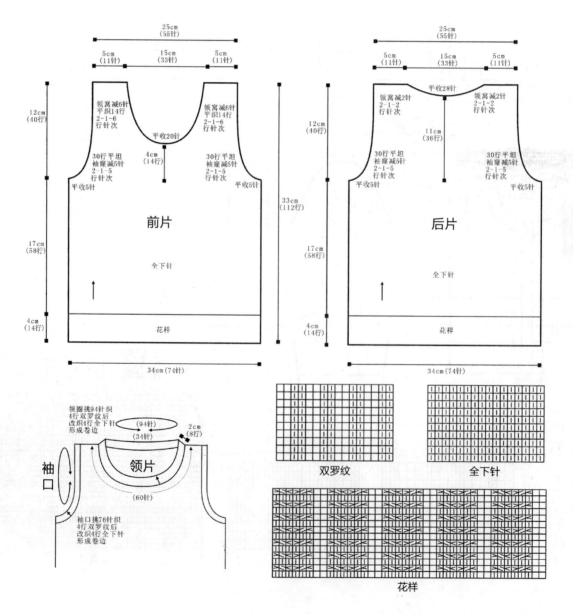

神秘图案高领毛衣

【成品尺寸】衣长 48cm　胸围 80cm　袖长 42cm
【工具】3.5mm 棒针　绣花针
【材料】蓝色、灰色羊毛绒线各若干　红色线少许
【密度】10cm²：20 针 ×28 行

【制作过程】
1. 前片：用蓝色羊毛绒线按图用机器边起针法起 80 针，织 8cm 双罗纹后，改用灰色羊毛绒线织全下针，并编入花样图案，侧缝不用减针，织至 25cm 时左右两边各平收 5 针，开始按图收成袖窿，再织 9cm 开领窝至织完成。
2. 后片：织法与前片一样，只是需按图开领窝。
3. 袖片：用蓝色羊毛绒线按图用机器边起针法起 48 针，织 8cm 双罗纹后，改织全下针，袖下按图加针，并配色，织至 25cm 按图示均匀减针，收成袖山。
4. 编织结束后，将前后片侧缝、肩部、袖片对应缝合。
5. 领圈挑 76 针，织 18cm 双罗纹，两边均匀加针，形成高领。编织完成。

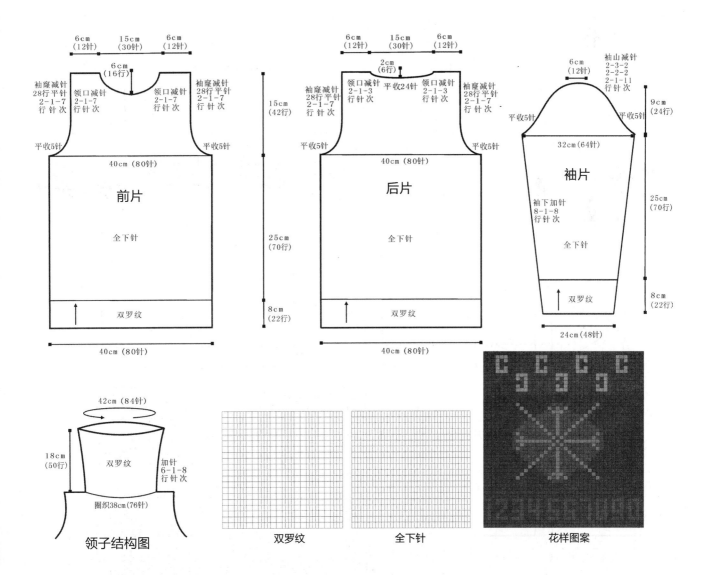

领子结构图　　　双罗纹　　　全下针　　　花样图案

温馨翻领系扣毛衣

【成品尺寸】衣长 42cm 胸围 74cm
【工具】3.5mm 棒针 绣花针 环形针 钩针
【材料】粉红色羊毛绒线若干
【密度】10cm² : 20 针 × 28 行
【附件】纽扣 7 枚

【制作过程】
1. 从领圈往下编织，用一般起针法起 92 针，织花样 A，然后分前后片，前片分左右片织全下针，左右片之间按花样 D 加针，织至 18cm 时，前片分左右两片编织，和后片一样，织 24cm 全下针。
2. 用环形针，从两边门襟沿着两边侧缝和前后片的下摆挑适合针数，织 3cm 花样 B。
3. 领圈边挑 92 针，先织 8cm 花样 C 后，改织 2cm 全上针，形成翻领。
4. 装饰：在两边侧缝各缝上 2 枚纽扣，门襟缝上 3 枚纽扣。衣袋用钩针钩织好，与前片缝合。编织完成。

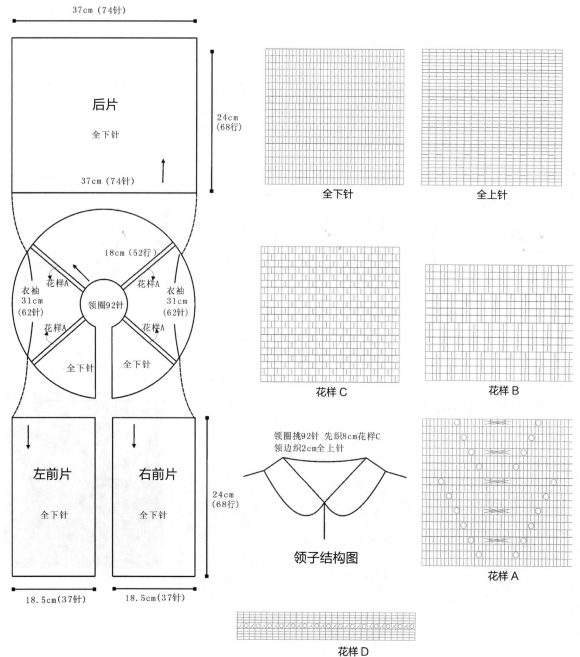

37cm（74针）

后片
全下针
24cm（68行）
37cm（74针）

18cm（52行）
花样A
花样A
衣袖 31cm（62针）
衣袖 31cm（62针）
花样A
花样A
领圈92针
全下针
全下针

左前片
全下针
右前片
全下针
24cm（68行）
18.5cm（37针）
18.5cm（37针）

全下针
全上针
花样 C
花样 B
花样 A
花样 D

领圈挑92针 先织8cm花样C
领边织2cm全上针
领子结构图

潮流无袖连衣裙

【成品尺寸】衣长 45cm　胸围 74cm
【工具】3.5mm 棒针
【材料】蓝色羊毛绒线若干　白色线少许
【密度】10cm² : 20 针 ×28 行

【制作过程】
1. 前片：先用白色线，按图用下针起针法起 74 针，织 4cm 花样 C 后，改用蓝色线织花样 B，织至 22cm 时，再改织花样 A，织至 4cm 时左右两边平收 5 针，开始按图收成袖窿，再织 6cm 中间平收 16 针，开领窝，左右肩分别编织直到完成。
2. 后片：织法与前片一样，只是需按图开领窝。
3. 编织结束后，将前后片侧缝、肩部对应缝合。
4. 领圈用白色线，挑 78 针，织 3cm 花样 C，形成圆领。两边袖口挑适合针数，织 3cm 花样 C。编织完成。

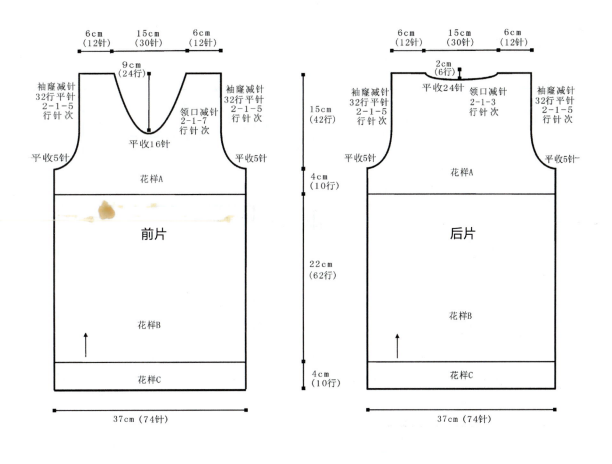

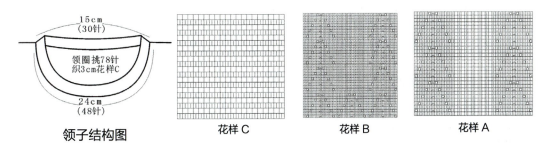

领子结构图　　花样 C　　花样 B　　花样 A

可爱小熊圆领背心

【成品尺寸】衣长 38cm　胸围 64cm
【工具】3.5mm 棒针　绣花针
【材料】红色羊毛绒线若干
【密度】$10cm^2$：20 针 × 28 行
【附件】刺绣图案 1 枚

【制作过程】

1. 前片：按图起 64 针，织 3cm 单罗纹后，改织全下针，侧缝不用加减针，织至 20cm 时左右两边平收 5 针，开始按图收成袖窿，再织 3cm 开领窝，直到完成。
2. 后片：织法与前片一样，只是需按图开领窝。
3. 编织结束后，将前后片侧缝、肩部对应缝合。
4. 领圈挑 104 针，织 2cm 单罗纹，形成圆领，两个袖口各挑 60 针，织 2cm 单罗纹。
5. 用绣花针缝上刺绣图案。编织完成。

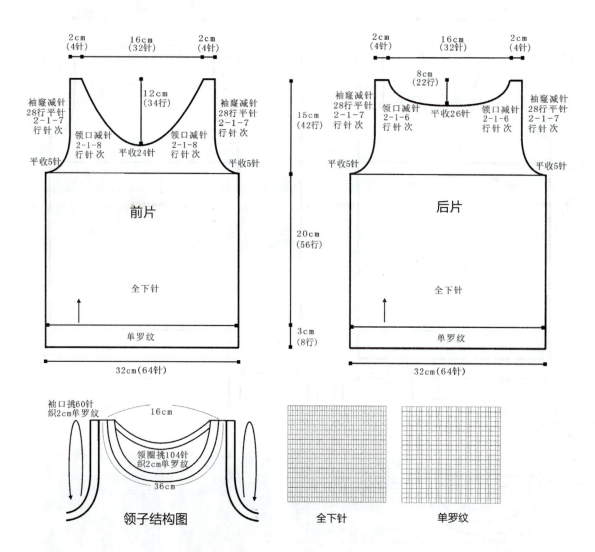

浪漫公主袖毛衣

【成品尺寸】 衣长 42cm　胸围 74cm　袖长 20cm
【工具】 3.5mm 棒针　绣花针
【材料】 黑色羊毛绒线若干
【密度】 10cm² ：20 针 ×28 行
【附件】 纽扣 6 枚

【制作过程】

1. 上衣是从领圈往下编织，用下针起针法起 50 针，每行加 6 针，加至 92 针，作为领子，然后按花样 A 加针，织至 18cm 时，开始分前后片和袖片，按编织方向，前片分左右 2 片编织，织至 21cm 的全下针后，改织 3cm 花样 B，留 6 针作为织花样 B 的门襟。后片同样织 21cm 全下针后，改织 3cm 花样 B。袖口挑 62 针，织 2cm 双罗纹。
2. 装饰：缝上纽扣。编织完成。

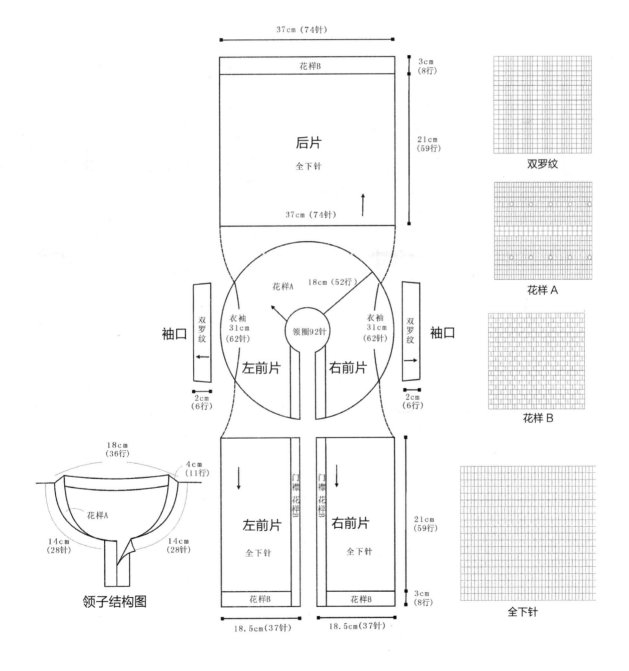

麻花纹路背心裙

【成品尺寸】 衣长 45cm　胸围 76cm
【工具】 3.5mm 棒针　钩针
【材料】 玫红色羊毛绒线若干
【密度】 10cm² : 20 针 ×28 行

【制作过程】

1. 前片：按图用机器边起针法起 76 针，织 10cm 花样 B 后，改织全下针，侧缝不用加减针，织至 20cm 时改织花样 A，并且左右两边平收 5 针，开始按图收成袖窿，再织 6cm 中间平收 18 针，按图开领窝直到完成。

2. 后片：织法与前片一样，只是需按图开领窝。

3. 编织结束后，将前后片侧缝、肩部缝合。

4. 领圈和袖口用钩针钩织花边。编织完成。

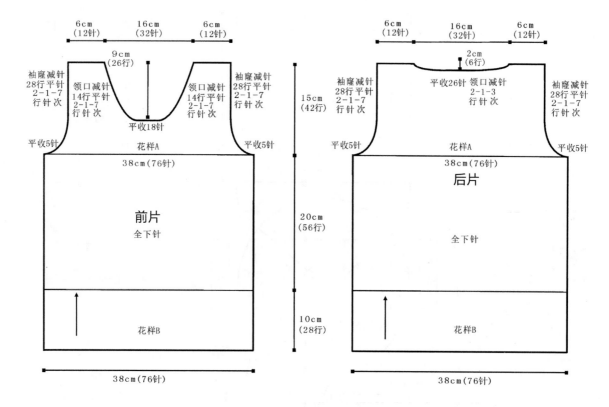

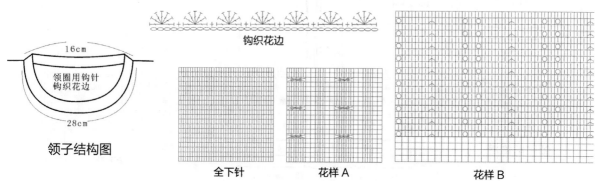

领子结构图

钩织花边

全下针　　花样 A　　花样 B

酒红时尚蓬松裙

【成品尺寸】衣长 46cm　胸围 40cm　袖长 28cm
【工具】3.5mm 棒针
【材料】红色羊毛绒线若干
【密度】10cm² ： 20 针 ×28 行

【制作过程】

1. 从领圈往下编织，用一般起针法起 80 针，先织 3cm 双罗纹，作为领子，然后开始分前后片和两袖片，织花样 A，每片之间留 3 针按花样 B 加针，每 2 行各加 1 针，如此织至 18cm 时，分前后片编织，分别织 5cm 花样 A，然后改织 20cm 全下针，再织 3cm 花样 C。

2. 袖片、袖下按图减针，织 5cm 花样 A 后，改织 3cm 全下针，再改织 3cm 花样 C。

3. 袖下和侧缝分别对应缝合。编织完成。

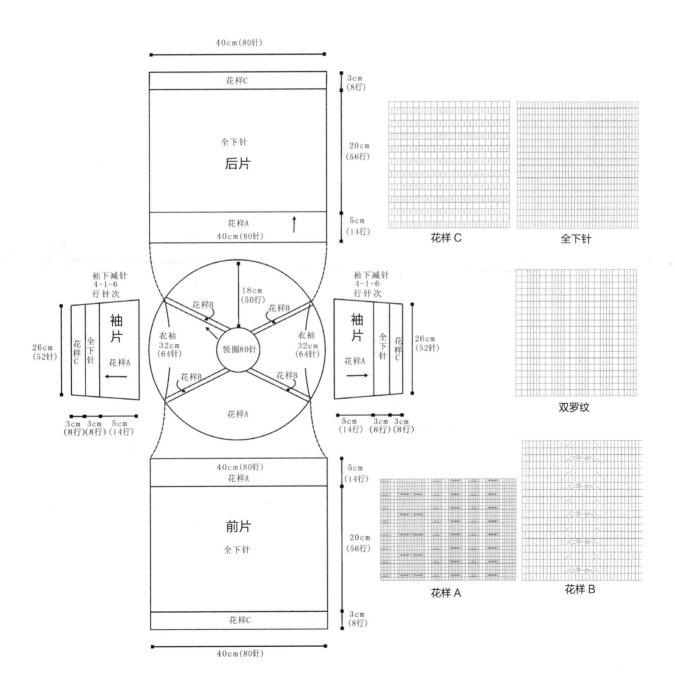

休闲套头毛衣

【成品尺寸】衣长 48cm　胸围 80cm　袖长 22cm
【工具】3.5mm 棒针
【材料】紫色羊毛绒线若干
【密度】10cm² ：20 针 ×28 行

【制作过程】

1. 前片：按图用机器边起针法起 80 针，织 5cm 双罗纹后，改织花样 A，侧缝不用减针，织至 28cm 时左右两边各平收 5 针，开始按图收成袖窿，再织 9cm 中间平收 16 针后，开领窝至织完成。
2. 后片：织法与前片一样，织花样 B，只是需按图开领窝。
3. 袖片：按图用机器边起针法起 56 针，织 3cm 双罗纹后，改织全下针，袖下按图加针，织至 10cm 时，两边各平收 5 针，按图示均匀减针，收成袖山。
4. 编织结束后，将前后片侧缝、肩部、袖片对应缝合。
5. 领圈挑 70 针，织 3cm 双罗纹，形成圆领。编织完成。

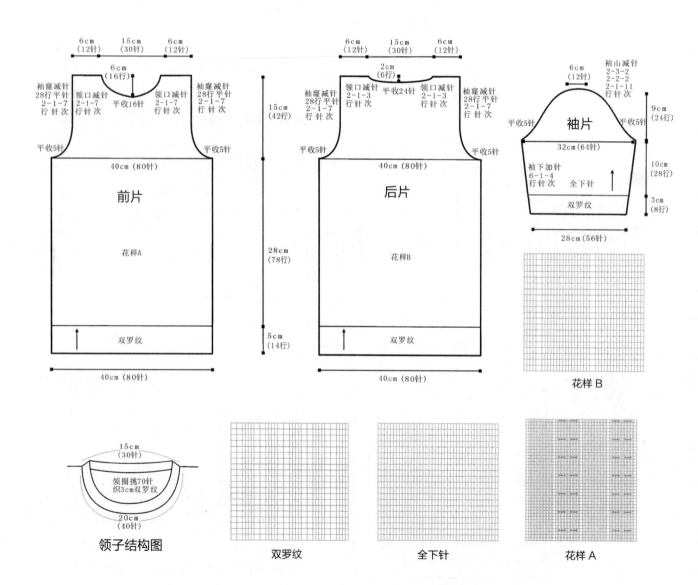